—水産生物に対する影響実態と作用機構—
環境ホルモン

「環境ホルモン―水産生物に対する
影響実態と作用機構」編集委員会　編

恒星社厚生閣

まえがき

　1990年代に入り，環境中に存在する内分泌かく乱物質が野生動物に影響を与える事例が多く報告されるようになり，人への影響も懸念されたことから大きな社会問題となった．また，水生生物に対する内分泌かく乱物質の影響として，コイ，ローチ，カダヤシ，イボニシなどで生殖内分泌系への悪影響を示唆する報告が相次ぎ，水産資源に対する悪影響が危惧された．しかし，これらの報告は極めて断片的であり，数多い水産生物のほとんどの種で影響実態やその作用機構が不明であり，わが国の水域環境における汚染の実態も未解明であった．このため，内分泌かく乱物質による漁場環境汚染の未然防止のためにもこれらの解明が緊急の課題となった．

　そこで，農林水産省農林水産技術会議事務局は，関係研究機関の協力を得てプロジェクト研究「農林水産業における内分泌かく乱物質の動態解明と作用機構に関する研究」（1999～2002年）を推進した．水産総合研究センターは，本プロジェクト研究において，日本沿岸における内分泌かく乱物質の動態を明らかにするとともにバイオマーカーなどを用いた影響の測定技術を開発し，水生生物への影響実態を解明した．さらに，魚類については内分泌かく乱物質の生殖機能への影響や性行動などについて作用機構を解明した．

　本書は，プロジェクト研究の成果を踏まえて，内分泌かく乱物質，特に女性ホルモンと同様な作用機構を有する物質の漁場環境や水生生物に対する影響を集約するとともに，残された課題，問題点および今後の研究推進方向を探ることを目的として「環境ホルモン－水産生物に対する影響実態と作用機構－」の題名を付け取りまとめたものである．水産業に携わる人に限らず幅広い分野の方々の参考に供していただければ幸いである．

　終わりに本書のとりまとめに当たって，ご協力いただいた各位に深く謝意を表する次第である．

　　　2006年3月

（独）水産総合研究センター瀬戸内海区水産研究所長

秋山敏男

『環境ホルモン－水産生物に対する影響実態と作用機構』編集委員会

委員長　　有馬郷司

委　員　　生田和正・川合真一郎・藤井一則・松原孝博・山田　久

執筆者一覧（50音順）

有馬郷司　　（独）水産総合研究センター　瀬戸内海区水産研究所　化学環境部　部長

生田和正　　（独）水産総合研究センター　養殖研究所　生産システム部　部長

伊藤文成　　福井県水産試験場　場長

薄　浩則　　（独）水産総合研究センター　瀬戸内海区水産研究所　栽培資源部　資源増殖研究室　室長

大久保信幸　（独）水産総合研究センター　北海道区水産研究所　海区水産業研究部　資源培養研究室　主任研究員

奥澤公一　　Aquaculture Department, South-East Asia Fisheries Department Center, Department Head

香川浩彦　　宮崎大学　農学部　生物環境科学科　水産科学講座　教授

角埜　彰　　（独）水産総合研究センター　瀬戸内海区水産研究所　化学環境部　生物影響研究室　主任研究員

川合真一郎　神戸女学院大学　学長

北村章二　　（独）国際農林水産業研究センター　水産領域　領域長

黒川優子　　神戸女学院大学　人間科学部　環境・バイオサイエンス学科　教学嘱託職員

玄　浩一郎　（独）水産総合研究センター　養殖研究所　生産技術部　主任研究員

坂野博之　　（独）水産総合研究センター　中央水産研究所　内水面研究部　研究員

征矢野清　　長崎大学　環東シナ海海洋環境資源研究センター　助教授

高田秀重	東京農工大学大学院 共生科学技術研究院 環境資源共生科学部門 助教授
中田典秀	(独)土木研究所 水環境研究グループ 水質チーム 専門研究員
中村　將	琉球大学 熱帯生物圏研究センター 熱帯生物圏総合研究部門 教授
萩原篤志	長崎大学大学院 生産科学研究科 海洋生命科学講座 教授
浜口昌巳	(独)水産総合研究センター 瀬戸内海区水産研究所 生産環境部 藻場干潟環境研究室 室長
平井俊朗	帝京科学大学 バイオサイエンス学科 講師
藤井一則	(独)水産総合研究センター 瀬戸内海区水産研究所 化学環境部 生物影響研究室 室長
松岡須美子	神戸女学院大学 人間科学研究科 博士研究員
松原孝博	(独)水産総合研究センター 北海道区水産研究所 海区水産業研究部 資源培養研究室 室長
松山倫也	九州大学大学院 農学研究院 海洋生物学分野 教授
棟方有宗	宮城教育大学 理科教育講座 生物学分野 助教授
持田和彦	(独)水産総合研究センター 瀬戸内海区水産研究所 化学環境部 生物影響研究室 主任研究員
山田　久	(独)水産総合研究センター 中央水産研究所 所長
圦本達也	(独)水産総合研究センター 西海区水産研究所 海区水産業研究部 有明海 八代海漁場環境研究科 研究員
渡辺康憲	(独)水産総合研究センター 瀬戸内海区水産研究所 赤潮環境部 部長

環境ホルモン－水産生物に対する影響実態と作用機構－

目　次

まえがき ……………………………………………………(秋山敏男)………… iii

I．環境ホルモン問題の経緯

1. 汚染実態と水生生物影響の概要 ……………………(山田　久)………… 1
   - §1. 問題の経緯 ……………………………………………………… 1
   - §2. 内分泌かく乱物質の作用機構の概略 …………………………… 1
   - §3. わが国における汚染の実態 ……………………………………… 4
   - §4. 内分泌かく乱物質の魚類に対する影響の概要 ………………… 7
     4·1　影響評価指標(7)　4·2　各物質に認められた影響の特徴(7)　4·3　水生生物に対する影響のまとめ－影響評価指標間の比較－(15)
   - §5. まとめ ………………………………………………………… 17

II．水域汚染の実態と水域環境における動態

2. エストロゲン様内分泌かく乱物質の分布・動態－東京湾 ……………………………………………(中田典秀・高田秀重)………… 19
   - §1. 東京湾と流入河川，下水処理水中における分布 …………… 19
   - §2. 東京湾のEDCs汚染の歴史 ………………………………… 27
   - §3. エストロゲン活性へ寄与している物質の特定 ……………… 30
   - §4. ウォーターフロントのノニルフェノールのホットスポット汚染 …… 31
   - §5. 魚貝類への内分泌かく乱物質の蓄積 ………………………… 36

3. 培養細胞を用いたスクリーニング
    ……………………(川合真一郎・黒川優子・松岡須美子)………… 40
   - §1. 方　法 ………………………………………………………… 42

1・1 試　水 (42)　　1・2　エストロゲン様物質の抽出 (42)
1・3　再構成実験 (46)　　1・4　水中細菌によるエストロゲンの分解 (46)

§2. 結果および考察 ……………………………………………46

2・1　下水処理場の各処理工程に伴うエストロゲン様物質の消長 (46)　　2・2　大阪湾全域の海水中におけるエストロゲン様物質の分布 (50)　　2・3　兵庫県武庫川におけるエストロゲン様物質の日内, 経日, 週間および経月変化 (52)　　2・4　わが国沿岸の海水や河川水中のエストロゲン様物質 (55)　　2・5　再構成実験から見た水中のE_2当量への寄与物質 (58)　　2・6　河川水中の細菌による天然および合成エストロゲンの分解 (60)

§3. まとめと今後の課題 ……………………………………62

III. 水産生物に対する影響実態と評価

4. ビテロジェニンによる影響評価 ……………………………65

§1. 沿岸域の影響評価 ……………(大久保信幸・持田和彦・松原孝博)………65

1・1　ビテロジェニンによる影響評価法 (66)　　1・2　沿岸域の影響実態の評価 (72)

§2. 内水面における影響実態 ……………(伊藤文成・坂野博之)………75

2・1　生殖関連形質の変化 (75)　　2・2　内水面の影響実態 (79)

§3. 内湾干潟域における影響実態

　　　　……………(圦本達也・征矢野清・渡辺康憲)………81

3・1　トビハゼにおけるビテロジェニン濃度の季節的変動 (81)　　3・2　影響実態の把握 (83)

5. コリオジェニンによる影響評価

　　　　……………(藤井一則・角埜　彰・持田和彦)………88

§1. コリオジェニンとは ……………………………………89

§2. コリオジェニン定量法の開発 ……………………………90

2・1　コリオジェニンの精製と抗体の作製 (90)　2・2　時間分解蛍光免疫測定法 (TR-FIA) (93)
　§3．エストロゲンによるコリオジェニンの産生誘導 ……………………95
　§4．マコガレイの血中コリオジェニン濃度の季節変化 ………………96
　§5．東京湾におけるマコガレイの影響実態 ……………………………99
　§6．今後の課題 ………………………………………………………………101

6　アサリの性の変異による影響実態の解明
　　………………………………………………………（浜口昌巳・薄　浩則）………103
　§1．アサリの生殖異常の把握手法 …………………………………………104
　　1・1　アサリの雌雄判別並びに間性評価法 (104)　1・2　遺伝的性の判定 (105)　1・3　アサリの生殖異常の判定 (107)
　§2．構築した影響実態評価手法の有効性の確認 ………………………107
　§3．影響実態の評価 …………………………………………………………108

Ⅳ．水産生物に対する影響と作用機構

7　動物プランクトンに対する影響と作用機構 ……（萩原篤志）……113
　§1．各種化学物質の急性毒性 ………………………………………………114
　§2．カイアシ類 ………………………………………………………………116
　§3．ミジンコ類の生殖特性に与える影響 …………………………………118
　§4．ワムシ類に対する作用 …………………………………………………120

8　魚類の生殖内分泌系における作用機構
　　……………………（香川浩彦・奥澤公一・玄　浩一郎・松山倫也）……124
　§1．魚類の生殖内分泌機構 …………………………………………………124
　§2．内分泌機構に及ぼす影響 ………………………………………………129
　　2・1　視床下部 (129)　2・2　脳下垂体 (131)　2・3　精　巣 (132)　2・4　卵　巣 (137)　2・5　ホルモン受容体 (139)
　§3．おわりに …………………………………………………………………141

9 魚類の産卵・回遊行動に及ぼす影響と作用機構
　　　………………………………（生田和正・棟方有宗・北村章二）……143
　§1. サケ科魚類の回遊行動に対する影響の解明 ………144
　§2. サクラマスの河川遡上行動へのエストロゲンの関与 ………145
　§3. 河川遡上行動への芳香化酵素阻害剤と
　　　　　　　　エストロゲン様EDCsの効果………146
　§4. サケ科魚類の雄の性行動に対する影響の解明 ………149
　§5. サクラマスの雄の性行動を統御する性ホルモン ………150
　§6. サクラマスの雄の性行動に与える
　　　　　　　　エストロゲン様EDCsの影響 ………152
　§7. まとめ ………154

10 魚類の性分化と内分泌かく乱物質……（平井俊朗・中村　將）……156
　§1. 魚類性分化の形態的特徴 ………156
　§2. 性分化の生理機構 ………159
　§3. EDCsの魚類性分化に及ぼす影響 ………165
　§4. EDCsの性分化に及ぼす複合影響 ………173

V. 今後の研究のために

11 研究のまとめと今後の課題 …（有馬郷司・藤井一則・山田　久）……177
　§1. 研究のまとめ ………177
　　　1・1　水域汚染の実態と水域環境における動態（177）　1・2　水産生物に対する影響実態と評価（179）　1・3　水産生物に対する影響の作用機構（181）
　§2. 今後の課題 ………183

索　引 ………189

I. 環境ホルモン問題の経緯

汚染実態と水生生物影響の概要

§1. 問題の経緯

内分泌かく乱物質が世界的に関心がもたれたのは，1991年7月の世界野生生物基金（WWF）の会議や，1996年3月に出版された「Our Stolen Future」が契機であった．その中で，米国フロリダ州におけるカダヤシの雄化，英国河川における雌雄同体魚類の確認，米国フロリダ州におけるワニのペニスの矮小化や卵孵化率低下などの異常，米国および英国における鳥類の繁殖阻害などの多くの異常な現象が報告された[1]．一方，わが国においても，巻貝のインポセックス（雌個体にペニスが形成される現象），魚類の生殖腺組織異常および成熟抑制などが観察され，内分泌かく乱物質の野生生物に対する影響が広範囲に拡大していることが危惧された．

サケ科魚類の甲状腺の過形成などの異常も報告されているので，内分泌かく乱物質の影響は単に生殖内分泌系に限定されず，多様な内分泌系への影響が問題になると考えられる．しかし，現在までに報告された野生生物に対する異常現象は，繁殖に関するものが多く，生殖内分泌系への影響が特に危惧されている．

このような状況により，環境庁（現環境省）は内分泌かく乱が危惧される物質を「SPEED '98」[2]としてリストアップし，わが国水域環境における汚染実態や水生生物に対する影響などについて調査研究を推進した．

ここでは，環境省による調査結果および公表された論文などに基づき，エストロゲン作用を有する物質に焦点を当て，水域環境における汚染実態や水生生物に対する影響の概要を取りまとめた．

§2. 内分泌かく乱物質の作用機構の概略

内分泌かく乱物質は，「動物体内に取り込まれた場合に，本来，その生体内

2　Ⅰ．環境ホルモン問題の経緯

で営まれている正常なホルモン作用に影響を与える外因性の物質」であると環境庁が1998年5月に発表した対応方針[2]において述べられている．内分泌系は，神経系や免疫系のように，生体全体の総合的な制御を担っている有機的なシステムであり，細胞間での連絡を取り合う手段としてホルモンが機能する．ホルモンには，ペプチド，ステロイド，修飾されたアミノ酸などがあるが，ステロイドホルモンや甲状腺ホルモンのような低分子脂溶性物質は，細胞膜を通過し，核内にある受容体に結合しその作用を発揮する．

1. アゴニスト

エストロゲン　　内分泌かく乱物質

内分泌かく乱物質がエストロゲンレセプター(ER)と結合することによってエストロゲンと類似作用がもたらされる．

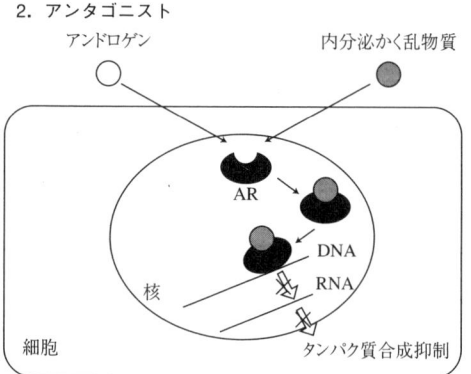

2. アンタゴニスト

アンドロゲン　　内分泌かく乱物質

内分泌かく乱物質がアンドロゲンレセプター(AR)と結合し，アンドロゲンが結合するのを阻害する結果，アンドロゲン作用は阻害される．

3. 正常な代謝の阻害作用

有機スズ化合物 ⇒ アロマターゼ阻害 ⇒ ホルモンの代謝異常

図1・1　内分泌かく乱物質の作用機構

外因性の内分泌かく乱物質もホルモンと同様に核内受容体に結合することによりその作用を発揮すると考えられているが，内分泌かく乱物質と受容体との相互関係により，生物に対する作用機構は異なり，図1・1に示されるように大きく3つに分類される．

第1の作用機構は，内分泌かく乱物質がホルモン受容体に結合することにより本来のホルモンのように作用する（アゴニスト）機構である．この作用は，別な表現をすれば，ホルモンの作用を正に制御する機構であり，この作用機構を有する物質はエストロゲンアゴニスト（エストロゲン様物質）である．この性質を有する物質群には，天然の女性ホルモン（17β-エストラジオール（E_2），エストロン（E_1）やエストリオール（E_3）），経口避妊薬の有効成分である合成女性ホルモンの17α-エチニルエストラジオール（EE_2）およびアルキルフェノール類などの合成化学物質が含まれる．一方，男性ホルモンと類似の作用をする物質，すなわち，アンドロゲンアゴニストがパルプ工場排水中に含有されていることを示唆する研究結果も報告されている[3]．

第2の作用機構は，内分泌かく乱物質のホルモン受容体への結合が本来のホルモンの受容体への結合を阻止し，結果的に本来のホルモン作用を阻害する（アンタゴニスト）機構である．この作用機構はホルモン作用を負に制御する機構であるともいえるが，この作用機構に属する物質として，DDTの代謝産物であるDDEが知られており，雄の生殖機能を阻害する可能性が考えられている．

第3の作用機構は，生体内に蓄積した化学物質が生体内ホルモンの合成，貯蔵，分泌，体内輸送，結合，あるいはそのクリアランスなどいわゆる正常なホルモン代謝系を阻害することにより生物に影響を及ぼす機構である．この作用機構は受容体を介した作用機構ではなく，ステロイドホルモン代謝阻害型とでも表現できる機構である．この作用機構を有する物質としてダイオキシンや有機スズ化合物をあげることができる．

このように，内分泌かく乱物質は3つの異なる作用機構を通して生物に影響を及ぼすが，ここでは，第1の作用機構に分類されるエストロゲンアゴニスト，すなわち，エストロゲン様物質について，わが国水域の汚染実態や特に魚類に対する影響の概要について述べる．

§3. わが国における汚染の実態

「SPEED '98」にリストアップされた内分泌かく乱物質によるわが国水域環境の汚染実態を明らかにするために,環境庁が1998年に実施した調査では[4],水質,底質および生物から10%以上の割合で検出される物質は,図1・2～1・4に示したようにPCBsを始め14物質であった.

淡水からは,PCBs,4-*tert*-ブチルフェノール,ノニルフェノール(NP),4-

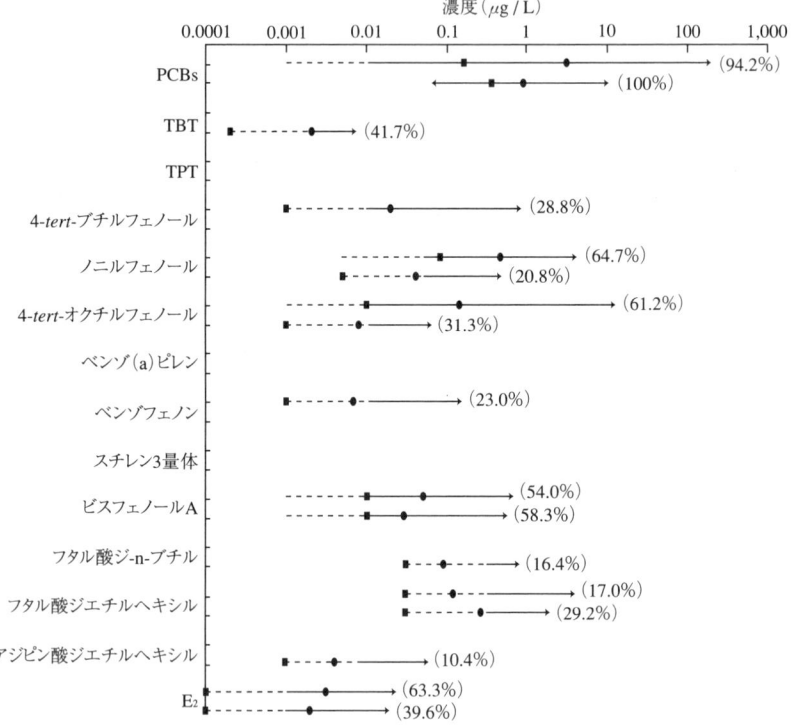

図1・2 水試料における内分泌かく乱物質の検出率,濃度範囲,中央値および平均値
　　　各物質について示す濃度範囲は,上段が淡水域を,また,下段が海域を示し,
　　　濃度範囲右側の括弧内数値は検出率である.濃度範囲の最小値は検出限界を,
　　　また,破線は検出限界以下の測定値があることを示す.
　　　■:中央値, ●:平均値

tert-オクチルフェノール（OP），ベンゾフェノン，ビスフェノールA（BPA），フタル酸ジエチルヘキシルおよびE_2が，それぞれ，検出率94.2％，28.8％，64.7％，61.2％，23.0％，54.0％，17.0％および63.3％で検出された．その濃度範囲，中央値および平均値は，PCBsで＜0.01〜220μg/L，0.16μg/L，3.12μg/L，4-tert-ブチルフェノールで＜0.01〜0.87μg/L，＜0.01μg/L，0.02μg/L，NPで＜0.05〜4.4μg/L，0.08μg/L，0.46μg/L，OPで＜0.01〜13μg/L，0.01μg/L，0.14μg/L，ベンゾフェノンで＜0.01〜0.16μg/L，＜0.01μg/L，＜0.01μg/L，BPAで＜0.01〜0.71μg/L，0.01μg/L，0.05μg/L，フタル酸ジエチルヘキシルで＜0.3〜4μg/L，＜0.3μg/L，0.12μg/L，また，E_2で0.001〜0.024μg/L，0.001μg/L，0.003μg/Lであった．一方，海水からは淡水で検出されなかった有機スズ化合物，TBTが41.7％で，

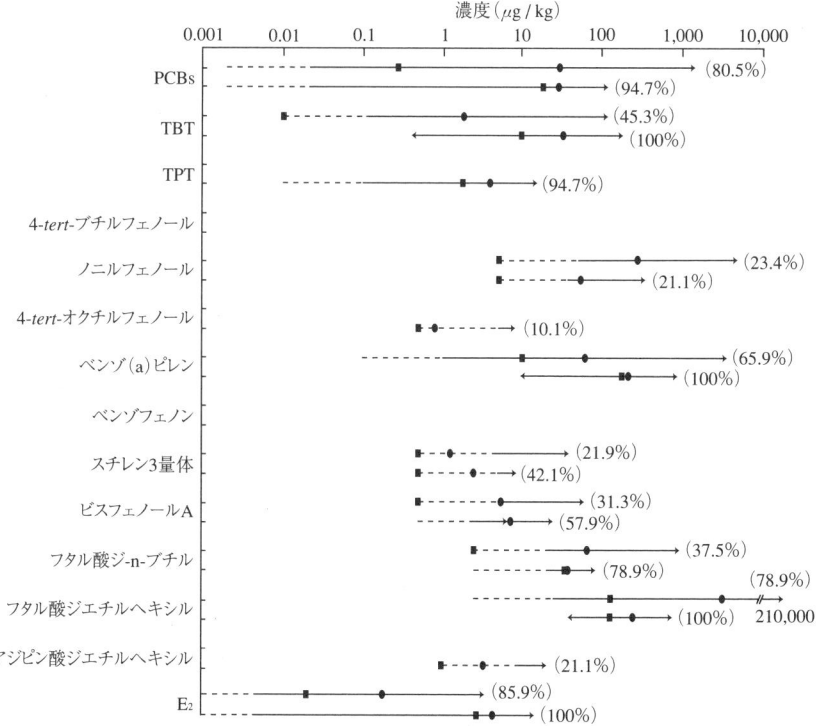

図1・3 底質における内分泌かく乱物質の検出率，濃度範囲，中央値および平均値
図の説明は図1・2と同じ．

6   I. 環境ホルモン問題の経緯

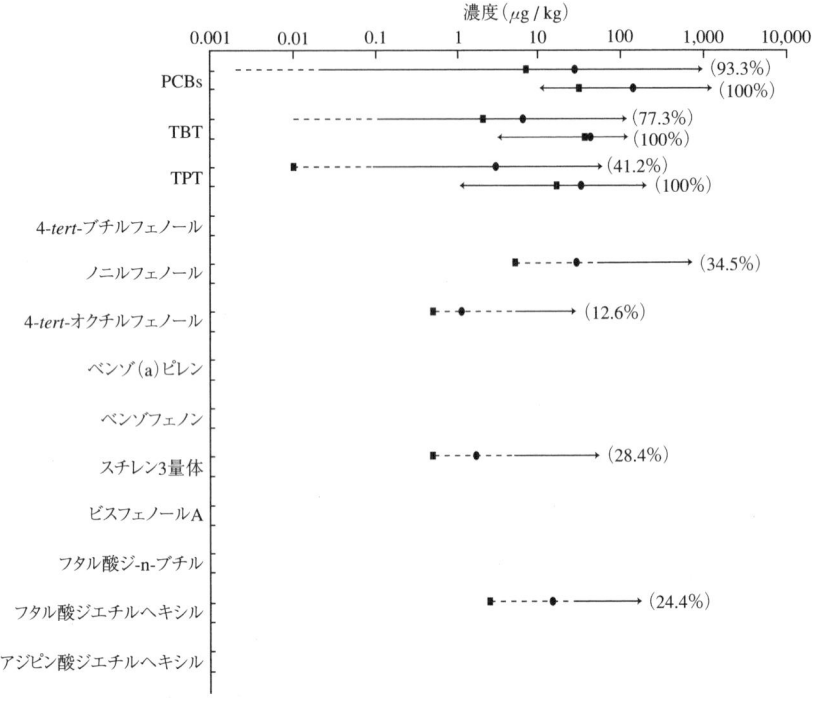

図1·4 魚類中内分泌かく乱物質の検出率，濃度範囲，中央値および平均値
図の説明は図1·2と同じ．

また，フタル酸ジ-n-ブチルおよびアジピン酸ジエチルヘキシルが，検出率（それぞれ14.6％および10.4％）は低いものの検出された．一方，4-*tert*-ブチルフェノールおよびベンゾフェノンは海水において検出されなかった．OPの海水中濃度（＜0.01～0.07 μg/L）が淡水に比べて低いことを除けば，その濃度は海水と淡水で大差なかった．図1·2には中央値および平均値も併せて示しているが，高頻度で検出されたPCBsを除けば，中央値は検出限界以下の場合が多い．これらの結果から，検出された場合でもその濃度は低いことが推察される．

水試料で検出された物質のなかで4-*tert*-ブチルフェノールおよびOPは底質から検出されなかったが，ベンゾ（a）ピレンおよびスチレン3量体が高い割合で検出された．底質中濃度は図1·3に示すように水中濃度に比べて100～1,000

倍高く，多くの疎水性化学物質と同様にこれらの内分泌かく乱物質の多くも底質に吸着・堆積していることが示唆される．

生物に高濃度に蓄積することが報告されているPCBs，TBTおよびTPTは，その濃度はさほど高くはないものの魚類から高頻度で検出された．水質や底質から検出された物質の中で，魚類からはOP，スチレン3量体およびフタル酸ジエチルヘキシルが検出されたに過ぎなかった．これらの結果は，内分泌かく乱が疑われているアルキルフェノール類，フタル酸エステル類およびBPAなどが生物に蓄積され難いことを示唆する．

以上のように，わが国における水域環境の汚染実態に基づくと，図1・2に示された物質をまず優先して，水生生物に対する作用機構など詳細な研究を推進する必要があると考えられる．

§4. 内分泌かく乱物質の魚類に対する影響の概要

4・1 影響評価指標

アメリカ合衆国環境保護庁（US-EPA）の内分泌かく乱物質に係るスクリーニングと試験方法に関する委員会（EDSTAC）は，内分泌かく乱物質の水生生物に対する影響評価の指標として表1・1に集約した10の指標が有効であると提案した[5]．魚類などの生物を使用する飼育試験により内分泌かく乱物質の生殖に対する影響を調べる場合には，これらの指標の中で比較的研究手法が確立しているビテロジェニン（Vg）の合成誘導（合成誘導機構については本書のⅢ-4. §1.を参照），性分化の変化（精巣卵の出現，性比の変化），生殖腺の成熟（生殖腺指数（GSI）の変化）および血漿ステロイドホルモン濃度が，影響評価指標として多くの研究者によりしばしば使用されている．

4・2 各物質に認められた影響の特徴

主として魚類を用いる生物飼育試験により各種内分泌かく乱物質の影響を調べた研究において認められた特徴的な変化を表1・2に要約した．

天然女性ホルモンであるE_2およびE_1は，それぞれ$0.01 \sim 0.1 \mu g/L$および$0.025 \sim 0.1 \mu g/L$の低濃度でVgの合成誘導や精巣卵を引き起こし，魚類の内分泌系に著しい影響を及ぼすことが明らかである．研究成果が1つであるので明確な結論を出すことは危険かも知れないが，E_3は$1 \mu g/L$でヒメダカに精巣

表1・1 内分泌かく乱物質の魚類に対する影響の評価指標[5]

評価指標	評価指標の特徴
1. ビテロジェニン（Vg）の誘導	・エストロゲン様物質により合成されるVg濃度あるいはVg合成に係る遺伝子（mRNA）発現を測定. ・Vg測定法（ラジオイムノアッセイ（RIA）および酵素免疫法（ELISA））の開発が必要. ・魚種に特異的な抗体の開発が必要. ・検出感度が高い. ・血液が少量の場合は肝臓中濃度を測定.
2. 血漿ステロイドホルモン濃度	・血液中のホルモン濃度の変化を把握. ・魚類の生殖周期による変動および日周変動があるので，測定時期・時間の統一が重要. ・血液が少量の場合には，全魚体あるいは生殖腺組織について測定.
3. 受容体への結合能	・ホルモン受容体への結合能を測定.
4. 第2次性徴の変化	・雌ヒメダカの交接肢の形成，雄ファットヘッドミノーのfatpads（皮膚が肥厚した小突起）や生殖円形小突起の消失が指標となる. ・非を殺的に観察できることが利点である. ・雌ヒメダカの交接肢は製紙工場曝露により形成され，雄ファットヘッドミノーの生殖円形小突起は，17β-エストラジオール曝露により消失する.
5. 性分化の変化	・組織学的手法による生殖腺の組織の観察. ・精巣卵の出現，性比の変化などが指標となる.
6. 生殖腺の発達異常 （生殖腺指数：GSI）	・魚類の生殖周期を考慮して，測定時期の統一が必要. ・簡便かつ総合的な指標.
7. ホルモン生合成の変化	・ホルモンの代謝経路などの解明が必要.
8. 配偶子の最終段階の成熟の異常	・配偶子の大きさや卵核胞の崩壊などが指標となる. ・総合的な評価指標.
9. 卵核胞の崩壊	・卵の熟成の指標.
10. 視床下部・脳下垂体機能の変化	・内分泌系調節機構の解明および研究手法などの確立が必要. ・生殖腺刺激ホルモン，生殖腺刺激ホルモン調節などの測定法の確立が必要.

表1・2 各種エストロゲン様物質の魚類の繁殖および生殖内分泌系に対する影響のまとめ

化学物質	生殖内分泌系に対する影響	文献番号
天然女性ホルモン 17β-エストラジオール (E_2)	・未成熟の雌ニジマスのVgおよびビテリンタンパク質（VEPβおよびVEPγ）遺伝子誘導に対する最低影響濃度は14 ng/Lであった． ・VEPα遺伝子誘導に対する最低影響濃度は4.8 ng/Lであった． ・血中Vgの上昇が飼育水中E_2濃度が9.7 ng/Lの試験で認められた．	(6)
	・設定濃度10 ng/L（実測平均濃度4 ng/L）曝露区のヒメダカに精巣卵が認められた．	(7)
	・雄ニジマス血中Vg濃度は，飼育水中設定濃度が10 ng/Lで上昇する傾向が認められ，100 ng/Lで有意に上昇． ・雄ローチの血中Vg濃度は，飼育水中設定濃度が100 ng/Lで有意に上昇．	(8)
エストロン（E_1）	・設定濃度10 ng/L（実測平均濃度7.7 ng/L）曝露区のヒメダカに精巣卵が認められた．	(7)
	・雄ニジマス血中Vg濃度は，飼育水中設定濃度が25 ng/L（実測濃度は24〜36 ng/L）で上昇する傾向が認められ，100 ng/L（実測濃度は44〜96 ng/L）で有意に上昇．	(8)
エストリオール（E_3）	・設定濃度1 μg/L（実測濃度0.73 μg/L）曝露区のヒメダカに精巣卵が認められた．	(7)
合成女性ホルモン 17α-エチニルエストラジオール（EE_2）	・飼育水中EE_2濃度が10 ng/Lでメダカの繁殖行動を抑制． ・正常雌と曝露雄の実験では，10 ng/Lの処理区の雄19尾中16尾が繁殖行動に参加しなかった． ・正常雄と曝露雌の実験では，10 ng/Lの処理区の雌はすべて繁殖行動に参加しなかった．	(9)
	・メダカの繁殖に対する最低影響濃度，繁殖の成功への影響：488 ng/L，肝臓中Vgおよび精巣卵の誘導：63.9 ng/L．	(10)
	・10および100 ng/Lに曝露した雄ニジマスの精液を用いた実験では，胚の発生を抑制．	(11)
	・ファットヘッドミノーの2世代にわたる実験を実施． ・F_0成魚の成長，生残，繁殖に係る無影響濃度（NOEC）は1.0 ng/L． ・F_1の胚の孵化率および仔魚の生残に関するNOECは1.0 ng/L． ・F_1の成長は0.2 ng/Lで抑制された． ・4.0 ng/Lで性比が変化し，F：M比は84：5と雌の占める割合が大きくなった． ・血中Vgは16 ng/Lで誘導された． ・全体として有害な影響が認められない濃度は1.0 ng/Lと推察される．	(12)

化学物質	生殖内分泌系に対する影響	文献番号
17α-エチニルエストラジオール（EE_2）	・5 ng／Lの濃度の飼育水で21日間曝露したファットヘッドミノー稚魚血清中Vg濃度が，対照魚に比較して有意に上昇した．	(13)
	・未成熟の雌ニジマスのVgおよびビテリンタンパク質（VEPαおよびVEPβ）遺伝子誘導に対する最低影響濃度は1.0 ng／Lであった． ・VEPγ遺伝子誘導に対する最低影響濃度は0.21 ng／Lであった． ・EE_2はE_2に比較して5〜66倍エストロゲン活性が高いことが示唆された．	(6)
ジエチルスチルベストロール（DES）	・2.9 μg／Lの濃度の飼育水で21日間曝露したファットヘッドミノー稚魚血中Vg濃度が，対象魚に比較して約100倍上昇した．	(13)
アルキルフェノール p-ノニルフェノール	・シープスヘッドミノーの肝臓中VgmRNAを誘導し，血中Vg濃度も上昇． ・血中Vgの上昇は5.4 μg／Lで認められた．	(14)
	・ニジマスの血中Vg上昇は飼育水濃度，20.3 μg／Lで認められた．	(15)
	・メダカの受精率の低下，精子形成の異常は184 μg／L曝露群で認められた． ・産卵量の低下は101 μg／L曝露群で観察された． ・精巣卵および肝臓におけるVg合成誘導は，それぞれ，24.8 μg／Lおよび50.9 μg／L曝露群で観察された． ・繁殖力の低下を引き起こす最も低い影響濃度（LOEC，101 μg／L）は，エストロゲン様作用を示す濃度（Vgの誘導，24.8 μg／L）より4倍高かった．	(16)
	・ヒメダカを用いて2世代にわたる試験を実施． ・F_0ヒメダカの性比の変化（雌化）および精巣卵は，それぞれ51.5および17.7 μg／Lで認められ，繁殖に関する無影響濃度は8.2 μg／Lと推定． ・F_1魚では精巣卵が8.2 μg／L曝露群で出現し，F_0に比較してF_1魚で影響が強く発現する傾向が認められた．	(17)
	・ヒメダカの性比の偏り（雌化），精巣卵の出現および雄肝臓中Vg濃度の上昇が，それぞれ，23.5 μg／L，11.6 μg／Lおよび11.6 μg／L曝露区で認められた．	(18)
4-ノニルフェノキシカルボキシル酸（NP1EC）	・30 μg／Lの飼育水中濃度でのニジマスの曝露は血中Vg濃度を上昇させた．	(15)
ノニルフェノールジエトキシレート（NP2EO）	・30 μg／Lの飼育水中濃度でのニジマスの曝露は血中Vg濃度を上昇させた．	(15)

化学物質	生殖内分泌系に対する影響	文献番号
ノニルフェノールジエ ソキシレート (NP2EO)	・ノニルフェノールエソキシレート混合物を42日間ファットヘッドミノーに曝露した実験では，実験の最高濃度の7.9 μg/LにおいてもVgの上昇などの異常は認められなかった．	(19)
4-*tert*-オクチルフェノール	・メダカ雄の求愛活動は25および50 μg/LのOP濃度で認められ，繁殖の成功率は低下した．	(20)
	・曝露魚を受精させた場合，循環系，眼および浮き袋の発達が不完全になることが観察された． ・精巣卵を有する雄から採取した精液は，曝露されていない雌から採取した卵を受精させた．	(20)
	・ニジマスの血中Vgの上昇は飼育水中濃度，4.8 μg/Lで認められた．	(15)
	・飼育水中濃度，10 μMでの曝露は，キャットフィッシュ肝臓においてVgを誘導した． ・エストロゲン受容体のアンタゴニストであるタモキシフェンは肝臓組織におけるVgの誘導を低下させた． ・100 μMでの曝露は肝細胞を壊死させたが，肝細胞の壊死は，エストロゲン様作用に依存しなく，一般的な毒性影響であることが示唆された．	(21)
	・ニジマス稚魚の血中Vg濃度が16.3 μg/Lの曝露で対照魚に比較して約1,000倍に上昇した．	(22)
	・ヒメダカの性比の偏り(雌化)，精巣卵の出現および雄肝臓中Vg濃度の上昇が，それぞれ，48.1 μg/L，11.4 μg/Lおよび11.4 μg/L曝露区で認められた．	(23)
	・雄ニジマス成魚の血中Vg濃度は，飼育水濃度が10 μg/L(実測濃度は6～11.3 μg/L)で有意に上昇． ・雄ローチの血中Vg濃度は，飼育水中濃度が100 μg/L(実測濃度は74～145 μg/L)で有意に上昇．	(8)
4-*tert*-ペンチルフェノール	・10.0 μg/Lの濃度の飼育水で21日間曝露したファットヘッドミノー稚魚血中Vg濃度が対照魚に比較して有意に上昇した．Vg上昇には濃度依存的な傾向が認められた．	(13)
	・メダカを用いて2世代にわたる試験を実施，F_0は101日，また，F_1は61日間飼育した． ・F_0の亜致死毒性，性分化および肝臓中Vg誘導に関する最低影響濃度は，それぞれ，931 μg/L，224 μg/Lおよび51.1 μg/L以下であった． ・F_1の亜致死毒性，肝臓中Vg誘導に関する最低影響濃度は，それぞれ，224 μg/Lおよび51.1 μg/L以下であり，F_0に比較し，F_1で影響が強い傾向であった．	(24)
フタル酸エステル ジエチルフタレート	・試験した最高濃度(5,000 μg/L)でもヒメダカに精巣卵は認められなかった．	(7)

化学物質	生殖内分泌系に対する影響	文献番号
ブチルベンジルフタレート	・500 mg/kg および 1,000 mg/kg のニジマス腹腔内投与実験で，それぞれ 18 日後に対照魚の約 60 倍および 20 倍の血中 Vg を測定した．	(25)
ジブチルフタレート	・500 mg/kg および 1,000 mg/kg のニジマス腹腔内投与実験で Vg の上昇は認められなかった．	(25)
その他の化学物質 ビスフェノール A	・50 mg/kg でニジマス腹腔内に投与．18 日後に対照のニジマスより約 1,500 倍高濃度の血中 Vg を検出．	(25)
	・ヒメダカを用いて 2 世代にわたる曝露実験を実施． ・調べた濃度範囲（〜3,120 μg/L）では F_0 魚の産卵量および GSI に異常は認められないが，837 μg/L 曝露区で精巣卵が確認された． ・雄肝臓中 Vg 濃度は 1,720 μg/L 曝露区で対照区に比較して高かった． ・F_1 魚性比に異常は認められなかった．	(26)
	・孵化後 122 日のファットヘッドミノー成魚（F_0）の 164 日の飼育試験で，成長抑制，GSI の低下，産卵数の減少，雄血中 Vg の誘導および精細胞の変化が引き起こされる濃度は，それぞれ，640 μg/L，640 μg/L，1,280 μg/L，160 μg/L および 16 μg/L であった． ・F_1 の孵化率は 640 μg/L で阻害された．	(27)
ビスフェノール A メタクリラート	・50 mg/kg のニジマス腹腔内に投与．18 日後に対照のニジマスより約 200 倍高濃度の血中 Vg を検出．	(25)
4 臭素化ビスフェノール	・50 mg/kg のニジマス腹腔内に投与で Vg の上昇は認められなかった．	(25)
o, p'-DDT	・50 mg/kg および 1,000 mg/kg のニジマス腹腔内投与実験において，18 日後に対照魚の約 10〜50 倍の血中 Vg を測定した．	(25)
	・メダカ孵化仔魚を 100 日間飼育した実験で，5 μg/L 曝露群において精巣卵が認められた． ・o, p'-DDT 濃度の上昇に伴って雌が多くなり，10 μg/L 曝露群の性比（M/F=0.5/1）は対照魚と有意に異なっていた．	(28)
ジクロロベンゼン (o-, m-, p-DCB)	・E_2 に対する相対エストロゲン活性は，m-DCB で 1.04×10^{-8}，p-DCB で 2.2×10^{-7}（酵母スクリーン） ・雌血中 Vg は，飼育水中濃度が 32 mg p-DCB/L で上昇し，卵巣の GSI はこの濃度で低下（ゼブラフィッシュの飼育実験）．	(29)
アトラジン	・雄ファットヘッドミノー血中 Vg 濃度は 5 μg/L のアトラジン曝露で対照魚に比較して有意に上昇． ・受精率，孵化率，生残，GSI に対する影響は試験濃度（5 および 50 ng/L）で認められなかった．	(30)

化学物質	生殖内分泌系に対する影響	文献番号
エンドスルファン	・試験濃度（～1,200 ng / L）の範囲では，肝臓中VgmRNAおよび血中Vg濃度は変化しなかった．	(14)
	・E-screen等 in vitro 試験では陽性と報告されている．	(18)
水酸化PCB 4-OH-2', 4', 6'-PCB （OH-PCB30） 4-OH-2', 3', 4', 5'-PCB （OH-PCB61）	・経口的にニジマスに投与した実験でVgの誘導を指標としたE_2に対する相対エストロゲン活性はOH-PCB30で0.1，OH-PCB61で0.001． ・PCB30，PCB61，PCB75およびPCB114はVgを誘導しなかった．	(31)
メトキシクロール	・シープスヘッドミノーの肝臓中VgmRNAを誘導し，血清中Vg濃度も上昇． ・血中Vgの上昇は2.5 μg / Lで認められた．	(14)
	・9.8 μg / Lの飼育水に曝露したニジマス稚魚血中Vg濃度は対照魚に比較して約10倍上昇した．	(22)
	・125mg / kgあるいは250mg / kgをニジマス腹腔内に投与した実験で，対照魚に比較して有意なVgの上昇は認められなかった．	(25)
	・0.16～1.8 μg / Lの範囲で21日間曝露したファットヘッドミノー稚魚血中Vg濃度は，対照魚と大差なかった．	(13)
ゲニステイン	・70.0 μg / Lの濃度の飼育水で21日間曝露したファットヘッドミノー稚魚血中Vg濃度が，対照魚に比較して約10倍上昇した．	(13)

卵を引き起こすことが報告されており，E_1およびE_2に比べると弱いが魚類の生殖内分泌系に影響することが明らかである．

合成女性ホルモンEE_2は，魚類の繁殖行動，Vgの合成誘導，精巣卵の出現，性比の変化など魚類の生殖に著しい影響を及ぼすことが明らかであった．ファットヘッドミノーを用いた試験では，血中Vgは飼育水中濃度が0.005～0.016 μg / Lの試験で合成誘導され，エストロゲン様活性はE_2あるいはE_1に相当するか，あるいはそれ以上であった．また，DESは2.9 μg / Lで血中Vg濃度を対照魚に比較して約100倍にも上昇させることが報告されており，E_2やEE_2と比較するとその活性は弱いものの女性ホルモン作用を有することが報告されている．

アルキルフェノール類（NP，OPおよび4-*tert*-ペンチルフェノール（PP））を魚類に曝露した試験では，血中Vgの上昇，精子形成の異常，受精率の低下，精巣卵の形成，ヒメダカの求愛行動の変化など天然および合成女性ホルモン曝

露した時に認められたのと同様な多くの変化が起こった．Vgの合成誘導を引き起こす濃度は，NPで5.4〜50.9 μg/L，OPで4.8〜145 μg/L，PPで10〜51.1 μg/Lであった．Vgの合成誘導を指標とすると，これらのアルキルフェノール類のエストロゲン活性は天然および合成女性ホルモンよりは2〜3オーダー弱いと考えられる．

非イオン界面活性剤の分解産物でアルキルフェノールの類似物質である4-ノニルフェノキシカルボン酸（NP1EC）は，飼育水の濃度が30 μg/Lで血中Vgを上昇させることが報告されており，エストロゲン活性を有することが示唆されている．

BPAも，ファットヘッドミノーでGSIの低下，産卵数の減少，Vgの合成誘導および精細胞の変化など生殖内分泌系に多様な影響を引き起こすことが報告されている．しかし，魚類血中Vgの上昇は飼育水中濃度が160〜1,720 μg/Lの範囲で認められており，Vgの合成誘導を指標とする限りエストロゲン活性はアルキルフェノール類に比べて弱いことが示唆される．

アトラジンは，ファットヘッドミノーを用いた飼育試験において飼育水中濃度が5 μg/Lにおいて雄血中Vg濃度を上昇させたと報告されている．また，メトキシクロール，植物エストロゲンの1つであるゲニステインも血中Vgを上昇させるためにエストロゲン作用を有することが示唆される．

PCBs（#30, 61, 75, 114）はVgを合成誘導しないと報告されているのに対し，水酸化PCB（OH-PCB30およびOH-PCB61）は，ニジマスに経口的に投与した実験において血中Vgを上昇させた．Vgの合成誘導を指標とすると，E_2に対する相対エストロゲン活性は，OH-PCB30で0.1，OH-PCB61で0.001と計算され，OH-PCB30は強いエストロゲン活性を有することが報告されている．

o, p'-DDTを含有するの飼育水（5 μg/L）でニジマス仔魚を100日間飼育した実験で精巣卵が認められるとともにDDT濃度の上昇に伴って雌の割合が増加し，性比も変化すると報告されている．これらの結果から，o, p'-DDTが魚類生殖内分泌系に作用することが明らかである．環境省が実施したメダカの飼育実験では，飼育水中濃度が1.50 μg/Lの試験区で血中Vg濃度が対象試験区に比べて有意に上昇したと報告されているので，o, p'-DDTもエストロゲンアゴニストとして作用することが明らかである．

ビスフェノールAメタクリラートおよびブチルベンジルフタレートは，ニジマス腹腔内投与試験（ビスフェノールAメタクリラートは50 mg/kg，ブチル

ベンジルフタレートは500 mg/kg）で対照ニジマスのそれぞれ約200倍および約60倍のVgを合成誘導したと報告されており，エストロゲン作用を有することが示唆された．一方，ジブチルフタレートは，それらを魚類に曝露したときに精巣卵の出現やVgの合成誘導は不明確であった．したがって，フタル酸エステル類のエストロゲン活性は物質あるいは曝露量によって異なることも考えられるために，さらに詳細な研究が必要である．また，ジクロロベンゼンは，飼育水濃度が非常に高い（32 mg/L）実験でゼブラフィッシュにVgを合成誘導したと報告されており，非常に弱いエストロゲン活性を有することが示唆される．

エンドスルファンおよび4臭素化ビスフェノールAは，1つの研究結果ではあるが，研究した濃度範囲では血中Vgの合成誘導は認められないために，エストロゲン様作用を有しないと考えられる．

4・3 水生生物に対する影響のまとめ—影響評価指標間の比較—

主としてEnvironmental Toxicolgy and Chemistry誌に発表された論文を用いてエストロゲン様物質が魚類の繁殖および生殖内分泌系に対する影響を整理した結果（表1・2）に基づき，Vgの合成誘導，精巣卵の出現および性比の変化を引き起こす濃度範囲をまとめて図1・5に示した．

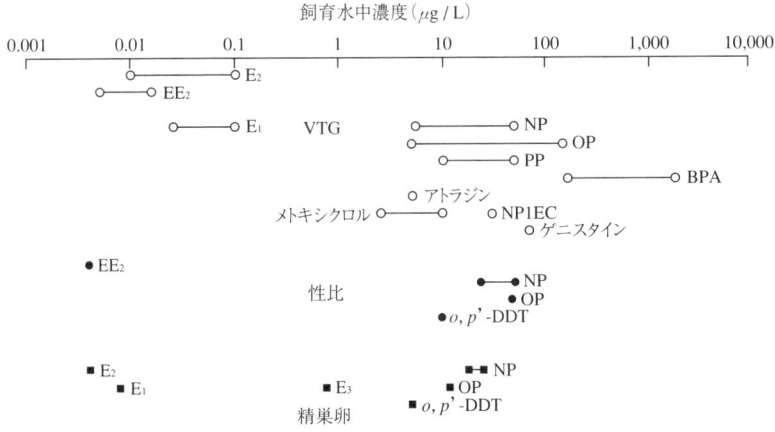

図1・5 エストロゲン様物質が魚類においてビテロジェニン誘導，性比の変化および精巣卵を形成を引き起こす飼育水中濃度範囲

Vgを合成誘導する天然女性ホルモンの濃度は，E_2で0.01～0.1 μg / L，E_1で0.025～0.1 μg / Lであった．また，合成女性ホルモンであるEE_2の濃度は0.005～0.016 μg / Lであった．一方，アルキルフェノール類が魚類血中Vgを合成誘導する濃度は，NPで5.4～50.9 μg / L，OPで4.8～145 μg / L，PPで10～51.1 μg / Lであった．アトラジン，メトキシクロール，NP1ECおよびゲニステインがVgを合成誘導する濃度は，それぞれ，5 μg / L，2.5～9.8 μg / L，30 μg / Lおよび70 μg / Lであった．さらに，BPAの濃度は160～1,720 μg / Lであった．

精巣卵は，E_2，E_1およびE_3濃度が，それぞれ，0.004 μg / L，0.0077 μg / Lおよび0.73 μg / Lの実験で認められている．一方，NP，OPおよび*o,p'*-DDTでは，飼育水中濃度がそれぞれ，17.7～24.8 μg / L，11.4 μg / Lおよび5 μg / Lの実験で精巣卵が認められている．また，EE_2，NP，OPおよび*o,p'*-DDTは魚類の性比を変化させ，雌の占める割合は，EE_2，NP，OPおよび*o,p'*-DDTの飼育水中濃度が，それぞれ，0.004 μg / L，23.5～51.5 μg / L，48.1 μg / Lおよび10 μg / Lで大きくなる傾向であった．

精巣卵や性比の変化に対する影響は，NPなどのアルキルフェノール類に比較すると天然および合成女性ホルモンにおいて著しく，また，Vgが合成誘導されるのと同程度の濃度で精巣卵の出現および性比の変化が認められる傾向である．Vgの合成誘導，精巣卵の出現および性比の変化は，魚種，魚類の成長段階，曝露期間などの試験条件により大きく変動することが考えられるので，内分泌かく乱影響評価指標の相互関係の解明のためにはさらに詳細な研究が必要であろう．

各種のエストロゲン様化学物質のE_2に対する相対エストロゲン活性が，酵母を用いるツーハイブリッド試験で研究された[32]．EE_2の活性はE_2とほぼ同レベルであるが，E_1は約1/100，E_3は約1/1,000と報告されている．ゲニステイン，NP，OPおよびPPの相対活性は1/1,000～1/10,000，BPAの相対活性は約1/100,000と報告されている．魚類を飼育する*in vivo*試験におけるVgの合成誘導を指標とした場合のE_2に対する相対活性は，図1・3に示した限られた研究結果ではあるが，EE_2で2～6，E_1で0.4～1，NPで約1/500，OPで1/500～1/1,500，PPで1/500～1/1,000，アトラジンで1/50～1/500，メトキシクロールで1/100～1/250，ゲニステインで1/700～1/7,000，BPAで約1/17,000であった．*in vivo*試験結果により試算したE_2に対する相対活性は，*in vitro*試験で

測定したそれとは数値が異なるものの，その活性が天然および合成女性ホルモンで高く，アルキルフェノール類およびBPAの順番に小さくなることは，*in vivo* および *in vitro* 試験のいずれについても共通して認められた．これらの結果から，*in vitro* 試験によるエストロゲン活性は，魚類に対する影響をある程度予測することができると考えられる．

§5. まとめ

エストロゲン様物質の魚類に対する影響をまとめると，天然エストロゲンおよび経口避妊薬として使用されている合成エストロゲンが魚類の繁殖，生殖内分泌系に著しい影響を及ぼすことが明らかである．環境庁の調査によると E_2 が水域環境から検出されており，また，E_1 および E_2 のみならず合成女性ホルモンの EE_2 が下水処理場排水から検出されると報告[33]されているために，これらの物質は魚類の生殖内分泌系に影響を及ぼす物質として注目する必要がある．

魚類における Vg の合成誘導を指標とした NP および OP のエストロゲン活性は，それぞれ E_2 の 1/500 および 1/500〜1/1,500 程度と推察され，弱いエストロゲン活性を有すると考えられる．「§3. わが国における汚染の実態」で述べたように，淡水域における濃度は NP で 4.4 μg / L 以下，OP で 13 μg / L 以下である．また，海水中濃度も OP が 0.07 μg / L 以下で淡水中濃度に比べて低いが，NP 濃度は海水と淡水で大差なかった．「§4. 内分泌かく乱物質の魚類に対する影響の概要」において述べたように魚類の Vg の合成誘導を引き起こす最低濃度は，NP で 5.4 μg / L，OP で 4.8 μg / L であった．したがって，環境庁が実施した調査において測定された最高濃度の水域ではアルキルフェノールが魚類の生殖内分泌系に影響を及ぼしている可能性があるが，水域全体について見るとその影響はさほど大きくないと推察される．しかし，アルキルフェノール類の魚類の生殖内分泌系に対する影響の全貌を解明するためには，精巣卵の形成，性転換，魚種による影響の差異，複数のアルキルフェノール類の複合影響など魚類の生殖内分泌系に対する作用機構も含めて詳細に研究する必要がある．

一方，Vg の合成誘導を調べた研究では，BPA のエストロゲン活性は E_2 の 1/17,000 と推察され，エストロゲン作用は非常に弱いかあるいは認められないと考えられる．また，ブチルベンジルフタレートを多量に腹腔内に投与した実験では Vg を合成誘導したが，ジブチルフタレートの試験ではその影響は不明

確であった．BPA やフタル酸エステル類のように影響が明確に認められない物質については，エストロゲン作用の有無，あるいはその作用が化合物で異なるかなどの詳細な研究が必要であると考えられる．

(山田　久)

文　献

1) シーア・コルボーンら (1997)：奪われし未来，翔泳社.
2) 環境庁 (1998)：官公庁公害専門資料, 33, 74-79.
3) Ellis R.J. et al. (2003)：Environ. Toxicol. Chem., 22, 1448-1456.
4) 環境庁 (2000)：官公庁公害専門資料, 35, 110-155.
5) Ankley G. (1998)：Environ. Toxicol. Chem., 17, 68-87.
6) Thomas-Jones E. et al. (2003)：Environ. Toxicol. Chem., 22, 3001-3008.
7) Metcalfe C.D. et al. (2001)：Environ. Toxicol. Chem., 20, 297-308.
8) Routledge E.J. et al. (1998)：Environ. Sci. Technol., 32, 1559-1565.
9) Balch G.C. et al. (2004)：Environ. Toxicol. Chem., 23, 782-791.
10) Seki M. et al. (2002)：Environ. Toxicol. Chem., 21, 1692-1698.
11) Schultz I.R. et al. (2003)：Environ. Toxicol. Chem., 22, 1272-1280.
12) Lange R. et al. (2001)：Environ. Toxicol. Chem., 20, 1216-1227.
13) Panter G.H. et al. (2002)：Environ. Toxicol. Chem., 21, 319-326.
14) Hemmer M.J. et al. : Environ. Toxicol. Chem., 20, 336-343.
15) Jobling S. et al. (1996)：Environ. Toxicol. Chem., 15, 194-202.
16) Kang I.J. et al. (2003)：Environ. Toxicol. Chem., 22, 2438-2445.
17) Yokota H. et al. (2001)：Environ. Toxicol. Chem., 20, 2552-2560.
18) Soto A.M. et al. (1995)：Environ. Health Perspect., 103 (Suppl), 113-122.
19) Nichols K.M. et al. (2001)：Environ. Toxicol. Chem., 20, 510-522.
20) Gray M.A. et al. (1999)：Environ. Toxicol. Chem., 18, 2587-2594.
21) Toomey B.H. et al. (1999)：Environ. Toxicol. Chem., 18, 734-739.
22) Thorpe K.L. et al. (2000)：Environ. Toxicol. Chem., 19, 2812-2820.
23) Seki M. et al. (2003)：Environ. Toxicol. Chem., 22, 1507-1516.
24) Seki M. et al. (2003)：Environ. Toxicol. Chem., 22, 1487-1496.
25) Christiansen L.B. et al. (2000)：Environ. Toxicol. Chem., 19, 1867-1874.
26) Kang I.J. et al. (2002)：Environ. Toxicol. Chem., 21, 2394-2400.
27) Sohoni P. et al. (2001)：Environ. Sci. Technol., 35, 2917-2925.
28) Metcalfe T.L. et al. (2000)：Environ. Toxicol. Chem., 19, 1893-1900.
29) Versonnen B. J. et al. (2003)：Environ. Toxicol. Chem., 22, 329-335.
30) Bringolf R.B. et al. (2004)：Environ. Toxicol. Chem., 23, 1019-1025.
31) Carlson D.B. and Williams D.E. (2001)：Environ. Toxicol. Chem., 20, 351-358.
32) 西川淳一ら (2000)：実験医学, 18, 731-736.
33) Desbrow C. et al. (1998)：Environ. Sci. Technol., 32, 1549-1558.

=Ⅱ. 水域汚染の実態と水域環境における動態=

エストロゲン様内分泌かく乱物質の分布・動態―東京湾

§1. 東京湾と流入河川，下水処理水中における分布

いくつかの化学物質が生物の内分泌系をかく乱し，異常を引き起こすことが最近明らかにされてきた．また，それらの内分泌かく乱物質（以下，Endcrine Disrupting Chemicals；EDCs）の河川および沿岸海域での濃度レベルも，様々なモニタリングにより報告されてきた．しかし，EDCsの水域への放出，水環境中での輸送過程，分解・吸脱着・堆積などの除去機構，環境への残留までを一連の系として扱う動態の研究はほとんど行われていない．EDCsの動態を明らかにすることは，水産資源へのEDCsの影響の起こりうる範囲を推定する上で，EDCsの水域への流入の削減策を考える上で，さらには将来予測を行う上で必要なことである．そこで，東京湾とその流域をフィールドとしたEDCsの動態を明らかにした研究を紹介する．

東京湾海水（表層，底層），東京湾堆積物，河川水，下水（未処理下水，二次処理水）を図2・1に示す地点から採取した．試料は，2000～2002年にかけて，それぞれ年3～4回採取した．東京湾海水および堆積物試料は，東京水産大学（現東京海洋大学）の青鷹丸に乗船させていただき採取した．表層海水は，甲板よりステンレスバケツにて採取した．底層海水は，ニスキン採水器により海底より1m上の深さで採水した．ニスキン採水器の素材のプラスチックからの汚染を避けるために，内側をテフロンコーティングしたものを用いた．河川水は，東京湾に流入する主要河川（鶴見川，多摩川，隅田川，荒川，中川，江戸川，江戸川放水路）の下流部（塩分15‰以下，平均6.0‰）で，干潮時に河口域に近い2地点で橋の上からステンレスバケツにて採取した．また，下水処理水を東京湾に放流する3つの下水処理場（臨海処理場）において，流入下水（未処理下水）と二次処理放流水を採取した．いずれも24時間コンポジット試料を東京都下水道局の協力により採取した．すべての水試料は，溶媒（メタノ

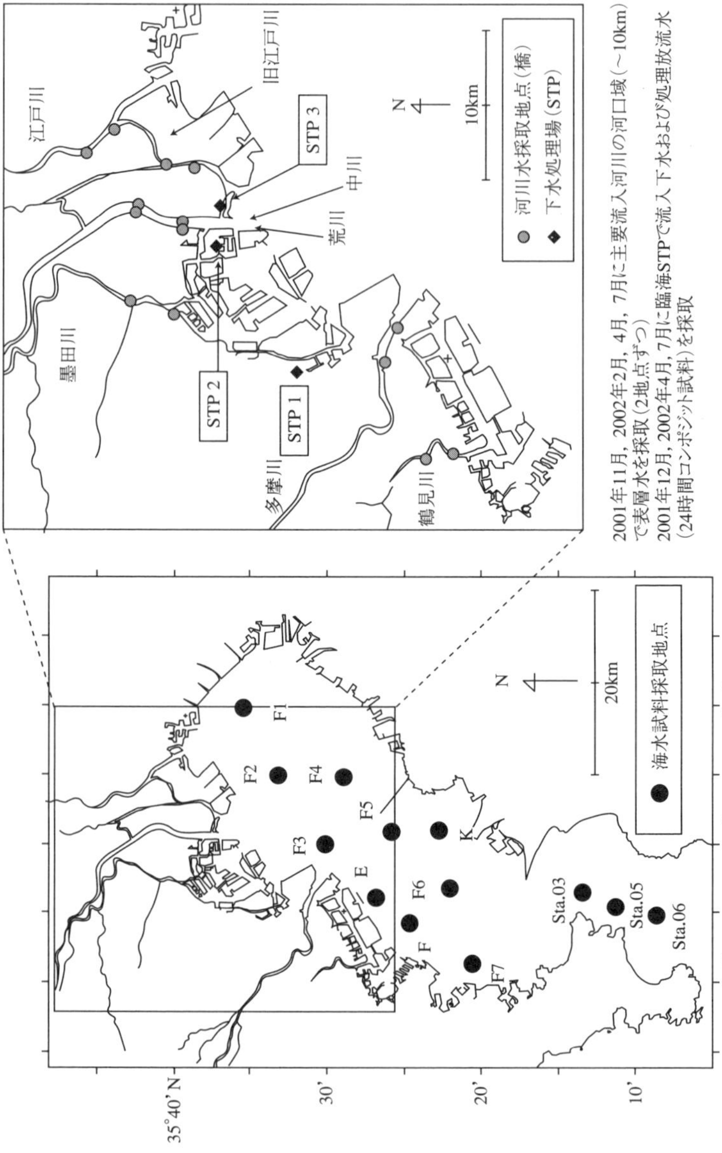

20 II．水域汚染の実態と水域環境における動態

図2・1 海水，河川水，下水試料採取地点

ール）洗浄した褐色ガラス製ガロン瓶に採取し，研究室までの輸送時には氷冷して，変質を抑えた．東京湾堆積物試料は，スミスマッキンタイヤー採泥器で採取した堆積物の表層2 cmを試料とした．すべての堆積物試料は，溶媒（メタノール）洗浄したステンレス製器具（バット，シャベル）で採取し，ステンレス製容器に保存し，研究室まで氷冷して輸送後，分析まで－30℃で冷凍保存した．

採取した水試料は，研究室に持ち帰り直ちにガラス繊維濾紙にて濾過した．濾液は固相抽出し，濾紙上の粒子は溶媒（ジクロロメタン）で抽出し，各抽出液中のエストロゲン類とフェノール系EDCsをガスクロマトグラフ-質量分析計（GC-MS）により分析した．堆積物試料は，凍結乾燥後，溶媒（ジクロロメタン）でソックスレー抽出し，抽出液を精製した後にGC-MSで分析した．エストロゲン類としては，エストロン（E_1）と17β-エストラジオール（E_2）を，フェノール系EDCsとしては，ビスフェノールA（BPA）とアルキルフェノール（APs）の中のノニルフェノール（NP）とオクチルフェノール（OP）を分析対象とした．

未処理下水中で観測されたNP，OP，BPA，E_1，E_2の濃度範囲は，それぞれ350〜11,200 ng／L，50〜4,200 ng／L，190〜450 ng／L，29〜200 ng／L，13〜26 ng／Lであった．これらの濃度範囲は，国土交通省の報告例[1]と一致した．下水処理（一次処理と二次処理）によりこれらの物質はある程度の除去を受けて，下水処理水中のNP，OP，BPA，E_1，E_2の濃度範囲は100〜750 ng／L，17〜140 ng／L，11〜140 ng／L，2.8〜110 ng／L，0.5〜17 ng／Lであった．未処理下水と下水処理水中の各成分濃度から，下水処理過程における平均除去率を計算すると，NP：69％，OP：54％，BPA：92％，E_1：86％，E_2：91％と計算された．APsに比べ，天然のエストロゲン類の除去率が高いことが明らかとなった．エストロゲン様EDCsのうち，特にAPsの除去率は低かったが，これは天然エストロゲン類に比べAPsの生分解性が低いことに起因しているものと思われる．

東京湾流入河川水の分析の結果，エストロゲン類とフェノール系EDCsは，東京湾流入河川中に広く分布していた．各成分の高頻度検出濃度は，NP：数百ng／L，BPA：数百ng／L，E_2：1 ng／L前後，E_1：数ng／Lであった（図2・2）．BPAを除きフェノール系EDCsとエストロゲン類は，河川水中の方が下水処理水より濃度が低く，河川水による希釈が明らかである．河川水中の

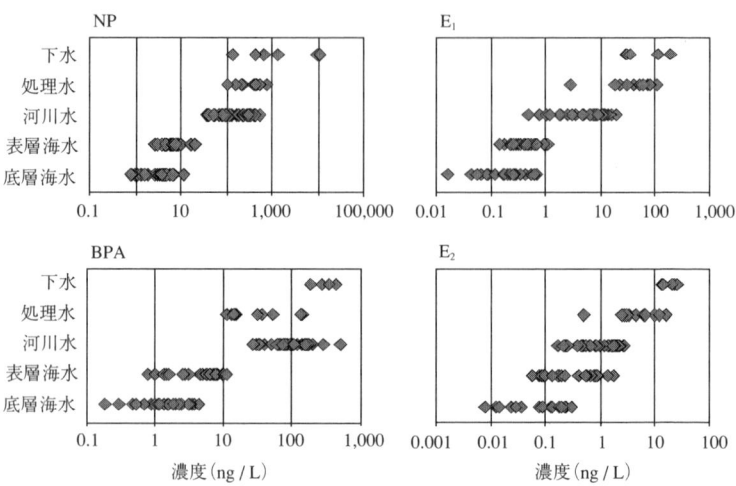

図2·2 未処理下水,下水処理水,河川水,東京湾表層海水,東京湾底層海水中のフェノール系内分泌かく乱物質およびエストロゲン類の濃度範囲
未処理下水 (n=5),処理水 (n=11),河川表層水 (n=47),東京湾表層海水 (n=28),底層海水 (n=25)

NP濃度は,下水処理水の50%程度であった.これらの河川水量に占める下水処理水の割合が50%以上であることと整合性がある.エストロゲン類は,河川水中の濃度が下水処理水に比べ25%と低く,河川水中でのエストロゲン類の分解が起こっていることが示唆される.興味深い点は,河川水中のBPA濃度範囲 (28.7〜404 ng / L) が下水処理水中の濃度範囲 (11.1〜143 ng / L) よりも高いことである.この結果より,下水処理水以外にもBPAの水域への供給源があることが示唆された.道路排水などの都市表面流出水も1つの負荷源として考えられる.

東京湾海水の分析の結果,フェノール系EDCsとエストロゲン類は東京湾内にも広く分布していた(図2·3).表層海水中の濃度は,湾奥から湾口へ向けて低下したが,湾口でも有意な濃度がいずれの成分についても観測された.NP, OP, BPA, E_1, E_2の濃度範囲は,それぞれ,2〜20 ng / L, 0.2〜2 ng / L, 0.8〜11 ng / L, 0.2〜1.1 ng / L, <0.01〜1.7 ng / Lであった.海水温度や塩分濃度の鉛直分布は地点や季節により異なり,河川などから淡水の供給が多い地点では表層で淡水の占める割合が高くなる.また,表層海水が温められる夏季

には上下層の海水が混ざりにくく，表層海水が冷却される冬季には上下層の海水が混合する．そのため，海水は季節，地点によっては物理的性質の異なる層構造を形成する（成層）．そのため，対象成分の湾内での分布は潮流，成層構

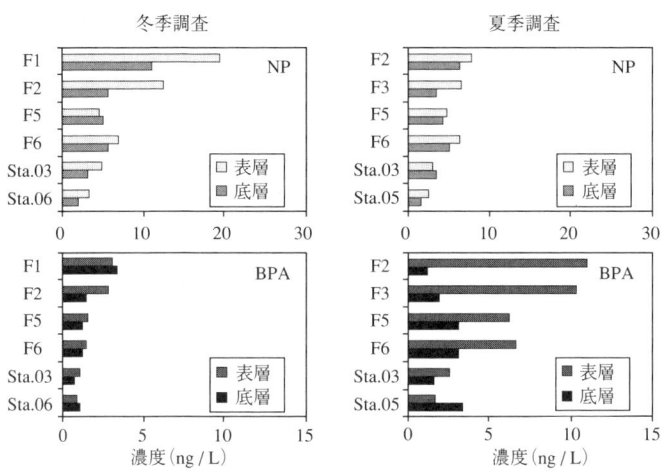

図2・3(a)　東京湾表層・底層水中のフェノール系内分泌かく乱物質の濃度分布

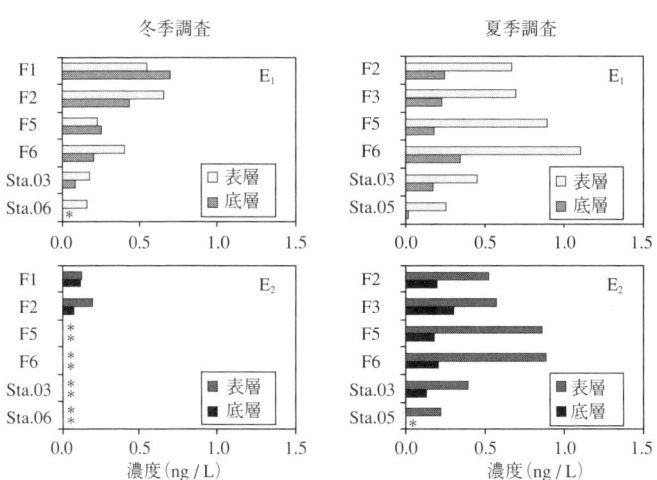

図2・3(b)　東京湾表層・底層水中のエストロゲン類の濃度分布
＊：検出下限値未満

造に支配されていると考えられた．特に成層期には表層で濃度が高く，底層で濃度が低くなる傾向が認められた（図2・3）．河川から供給されたフェノール系EDCsとエストロゲン類が表層海水と混合するために，表層海水中で濃度が高いが，底層は成層により表層や河川水と隔離されているために，これらの成分の負荷がなく，濃度が低いものと解釈される．一方，冬の循環期には表層から底層まで混合するために全体にフェノール系EDCsとエストロゲン類濃度は低下し，表層と低層の濃度はほぼ同じになっていたと考えられる．

東京湾表層堆積物中からもフェノール系EDCsとエストロゲン類が検出された（図2・4）．NP，OP，BPA，E_1，E_2の濃度範囲はそれぞれ，4〜370 ng/g-dry，1.7〜21 ng/g-dry，0.04〜6.5 ng/g-dry，0.09〜6.4 ng/g-dry，0.01〜0.9 ng/g-dryであった．堆積物中の濃度も湾奥から湾口へと濃度が減少する傾向が認められた．

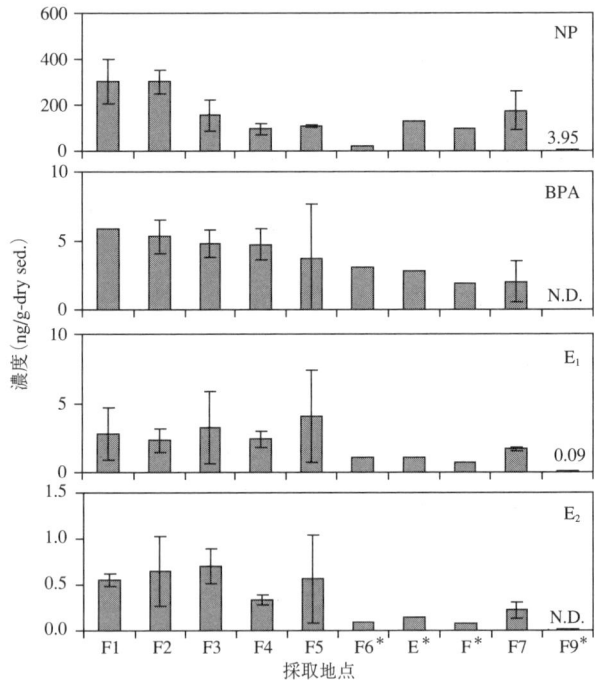

図2・4　東京湾表層堆積物中のフェノール系内分泌かく乱物質およびエストロゲン類の分布
＊：1回の採取・分析結果，N.D.：検出下限値未満

ここまでに得られた東京湾流入河川水中濃度，海水中濃度，堆積物中濃度と，河川水量や年間堆積量などから，東京湾内におけるエストロゲン類とフェノール系EDCsの物質収支を計算した（図2·5）．その結果，NPについては，東京湾流入河川や臨海下水処理場から流入した全量に対し，約24％が東京湾外へ流出，約12％が沈降・堆積，約64％が湾内で分解などにより消失すると見積もられた（図2·5a）．また，NPの流入負荷量の約67％は臨海下水処理場から直接，約33％は河川を通して流入すると見積もられた．この河川を通した流入の中には河川へ放流されている下水処理水からの寄与も含まれている．BPAは，東京湾への流入量のうち約75％が湾外への流出，約1％が沈降・堆積，約24％が分解などにより消失すると見積もられ，湾外への流出量がNPよりも相対的に大きかった（図2·5b）．BPAがNPに比べて沈降・堆積の割合が小さ

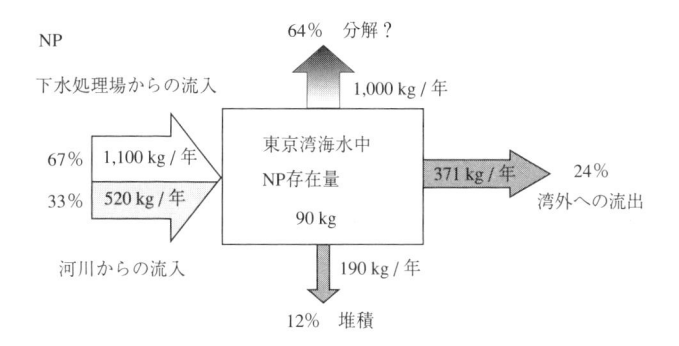

図2·5（a） 東京湾におけるNPの物質収支

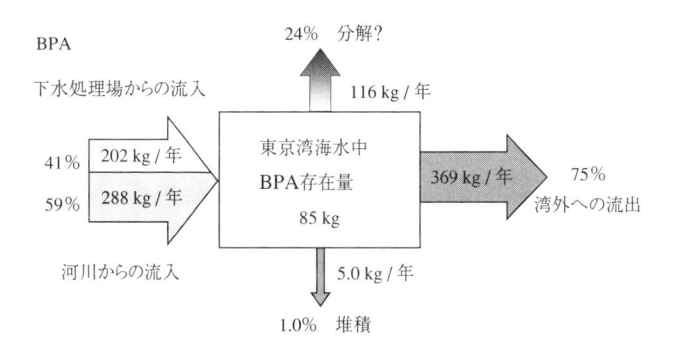

図2·5（b） 東京湾におけるBPAの物質収支

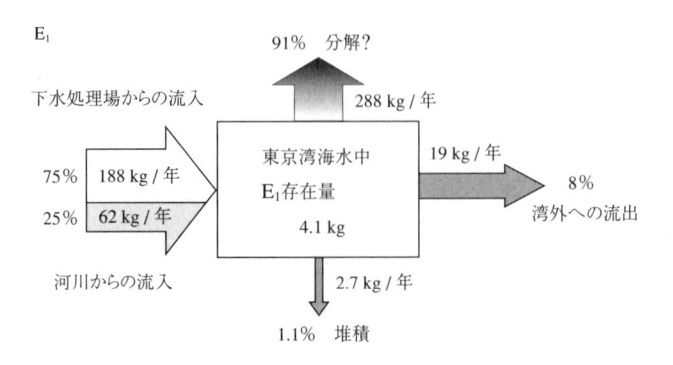

図2·5(c) 東京湾におけるE₁の物質収支

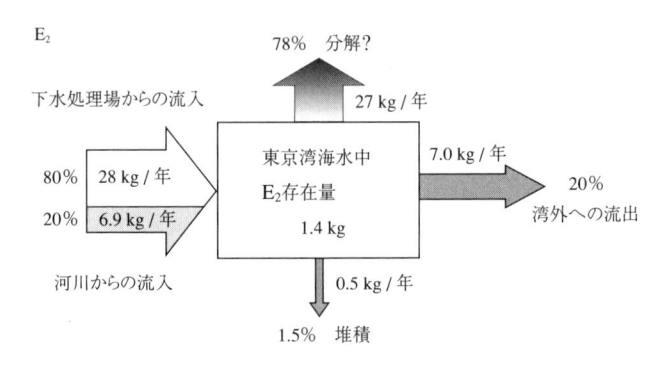

- E₁
- 下水処理場からの流入
- 75%　188 kg / 年
- 25%　62 kg / 年
- 河川からの流入
- 91%　分解?　288 kg / 年
- 東京湾海水中 E₁存在量　4.1 kg
- 19 kg / 年　8%　湾外への流出
- 2.7 kg / 年　1.1%　堆積

図2·5(d) 東京湾におけるE₂の物質収支

- E₂
- 下水処理場からの流入
- 80%　28 kg / 年
- 20%　6.9 kg / 年
- 河川からの流入
- 78%　分解?　27 kg / 年
- 東京湾海水中 E₂存在量　1.4 kg
- 7.0 kg / 年　20%　湾外への流出
- 0.5 kg / 年　1.5%　堆積

く，湾外への流出の割合が大きいことは，BPAがNPに比べ水溶性が高いことと符合する．BPAとNPの水への溶解度は，それぞれ120 mg / L，6.35 mg / Lであり，オクタノール-水分配係数（Kow）の対数値はそれぞれ3.32，4.48と報告されており，BPAの方が水溶性は高く，粒子への吸着性は低い．また，BPAの流入負荷量の内訳は，約41％が臨海処理場から，約59％が河川を通して負荷すると見積もられ，NPに比べて河川からの流入の寄与が大きかった．道路排水などの下水処理水以外の負荷源の存在が示唆される．エストロゲン類はE₁，E₂ともに水溶性がフェノール系EDCsに比べ高いため，堆積物への沈降・堆積の寄与は1～2％程度と推定された（図2·5c，図2·5d）．さらにE₁およびE₂の湾内での分解などによる消失は，80％から90％程度とフェノール系EDCsに比べて分解されやすいことが示された．逆に，フェノール系EDCsは，分解性

が相対的に低いので湾外への流出量が多いということが浮き彫りになった.

§2. 東京湾のEDCs汚染の歴史

人工化学物質の本格的な生産と利用は高度経済成長期に開始され,ほとんどのEDCsは過去30年以上環境へ放出されていると考えられる.しかし,その環境負荷量の歴史変遷に関する情報は著しく欠如している.EDCsによる汚染の動向を理解し,効果的な対策を講じていくためには,これらの物質の環境汚染の現状と歴史を明らかにする必要がある.これまでPCBsなどいくつかの化学物質については,湖沼や沿岸海域の柱状堆積物試料の分析により汚染の歴史変遷が明らかにされてきた.しかし,現在代表的なEDCsとして注目されているAPs,BPAについて,その汚染の歴史を包括的に明らかにした例は少ない[2].また,都市河川において魚類の生殖器官に内分泌かく乱作用を及ぼしているとの報告がある人畜由来のエストロゲン類についても,その汚染史は明らかになっていない.本研究では,柱状堆積物に残留するエストロゲン様EDCsの分析から,東京湾におけるその汚染と発生源の歴史的変遷を明らかにした.

東京湾内のSta.F4地点近傍のSta.6地点(図2・1)において,1998年にアクリル製パイプを用いて柱状堆積物を採取した.得られた柱状堆積物試料は,船上にて鉛直方向に厚さ2.5 cmごとにスライスし,あらかじめ溶媒(メタノール)洗浄を行ったステンレス製容器に保存し,研究室まで氷冷して輸送後,分析まで-30℃で冷凍保存した.試料の採取は,東京水産大学(現:東京海洋大学)の協力により行った.各深度から採取した堆積物試料は,凍結乾燥後,溶媒(ジクロロメタン)でソックスレー抽出し,抽出液を精製した後にGC-MSによりエストロゲン類(E_1とE_2)およびフェノール系EDCs(NP,OP,BPA)を分析した.同試料中の放射性核種(^{210}Pbと^{137}Cs)濃度を測定し,各深度から採取した堆積物試料の堆積年代を推定した.鉛直分布の再現性を確認するために,1993年にSta.F2において採取・分析した柱状堆積物中のAPsとBPAの鉛直分布も示した(図2・6).

東京湾のエストロゲン様EDCsによる汚染は,1950年代から始まり,1960年代に汚染が進行したことが明らかになった(図2・7,図2・8).Sta.F2で採取した柱状堆積物において,NPは1960年頃検出され始め,1960年代にNP濃度は数十ng/g-dryから数百ng/g-dryへと急増した.同様にSta.6で採取した柱状

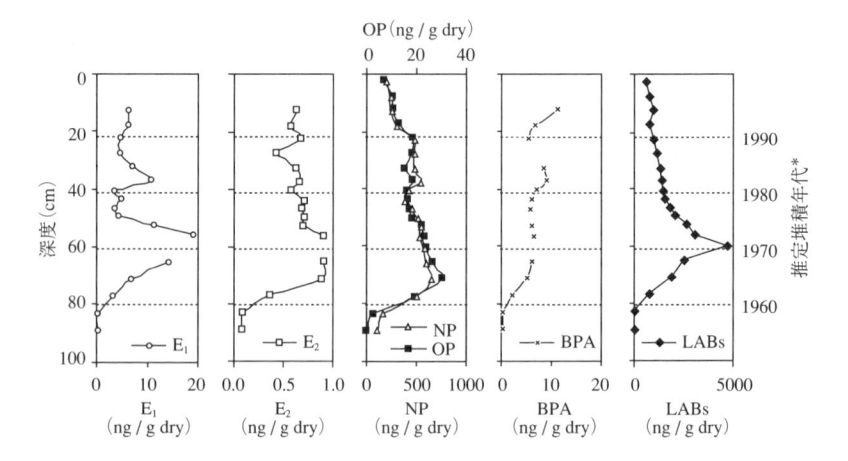

28　II．水域汚染の実態と水域環境における動態

図2・6　東京湾Sta.6地点柱状堆積物中のフェノール系内分泌かく乱物質および女性ホルモンの鉛直分布
＊ 堆積年代の推定は ^{210}Pb および ^{137}Cs を用いて行った．LABs のデータは Yamaji et al.（2001）より，フェノール系内分泌かく乱物質のデータは中嶋（2001）より引用

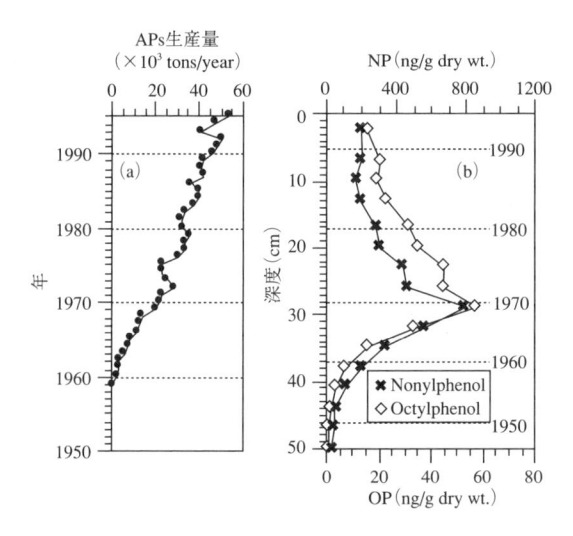

図2・7　東京湾F2地点柱状堆積物中のAPsの鉛直分布（右図）と日本国内のAPsの生産量（左図）

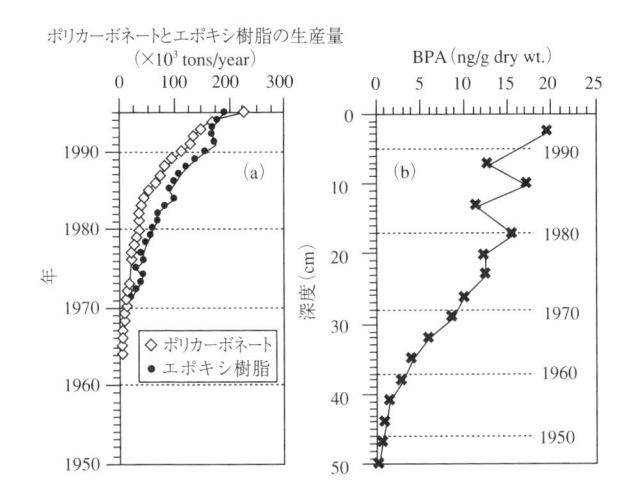

図2・8　東京湾F2地点柱状堆積物中のBPAの鉛直分布（右図）と日本国内のポリカーボネートとエポキシ樹脂の生産量（左図）

堆積物においても濃度は，1960年代前半に急増した．OPも同様の鉛直分布を示した．これらのAPs濃度の増加は，APsの生産量の増加と対応していた．しかし，APsの生産量が1970年代以降も増加していたのに対して，柱状堆積物中のAPs濃度は1970年前後をピークに減少傾向を示した．1990年代の堆積物表層のNP濃度は，ピーク時の20％程度であった．APs汚染の低減は，下水道の整備の効果によるものと推察された．すなわち，APsが下水処理により除去される（除去率：61〜75％）ために，下水道が普及することにより，河川および海域への負荷量が減少してきたものと考えられる．

BPAはSta.F2，Sta.6ともに1960年頃の層から検出され始め，その後表層へ向けて増加傾向を示した．表層での濃度は，10〜20 ng / g-dryであった．このBPAの増加傾向は，関連製品（ポリカーボネートとエポキシ樹脂）の生産量の推移と対応していた．これらのデータは，東京湾のBPA汚染が拡大する傾向にあることを示していた．この傾向はAPsとは対照的であった．下水道を経ない水域への流入経路（例えば道路排水や雨天時都市表面流出）があるために，下水道が普及しても東京湾への負荷量は減らないと解釈された．そして，BPAの使用量（ポリカーボネートとエポキシ樹脂の生産量）の増加に応じて，BPA

の環境への負荷が増えてきているものと考えられた．下水道を経ない水域への流入経路の存在は，前述の下水処理水中よりも河川水中のBPA濃度が高いことからも示唆された．今後，より具体的なBPAの供給源を明らかにし，対策を講じる必要がある．

柱状堆積物中でE_1, E_2も1960年頃から有意に検出され始め，1960年代に濃度は増加した．集水域の人口の増加を反映しているものと解釈された．E_1, E_2濃度も1970年前後をピークに表層へ向けて減少傾向を示した．これらの傾向はAPsと類似しており，下水道普及の効果によるものと考えられる．エストロゲン類も下水処理により除去される（除去率：84～98％）ために，下水道が普及することにより，河川および海域への負荷量が減少してきたものと考えられる．

§3．エストロゲン活性へ寄与している物質の特定

生殖異常の原因物質の特定は，効果的な発生源対策にとって必要不可欠である．最近の河川における魚類の生殖異常の研究から，生殖異常の原因物質として人工化学物質だけでなく，エストロゲン類の寄与が指摘されてきた[3]．そこで本項では，フェノール系EDCs（NP，OP，BPA）とエストロゲン類（E_1，E_2）を包括的に扱い，生殖異常へのそれらの物質の相対的寄与を評価する．

生殖異常への各物質の寄与度の評価には，人のエストロゲン受容体を組込んだ遺伝子組換え酵母を用いたバイオアッセイにおける各物質の比活性値を用いた．比活性値とは，最も強いエストロゲン様作用をもつE_2に対する各物質のエストロゲンとしての相対強度であり，各分析対象成分の環境中濃度に比活性値を掛け合わせることにより，各成分のE_2当量濃度と，その総和に対する寄与度を算出することが可能である．機器分析に加え，バイオアッセイによる評価を加えることにより分析対象成分の検出濃度の評価が可能となる．ただし，本項で取り扱う成分には限りがあるため，環境中に放出された多種多様な物質すべてについて評価ができているわけではない．しかし，前述の通り天然のエストロゲン類やAPsによる水生生物への内分泌かく乱作用の高い寄与が報告されているため，実際の環境中で発現する内分泌かく乱作用のかなりの部分は評価できていると予想される．

図2・9に，下水から東京湾堆積物に至る環境媒体中の各物質のエストロゲン

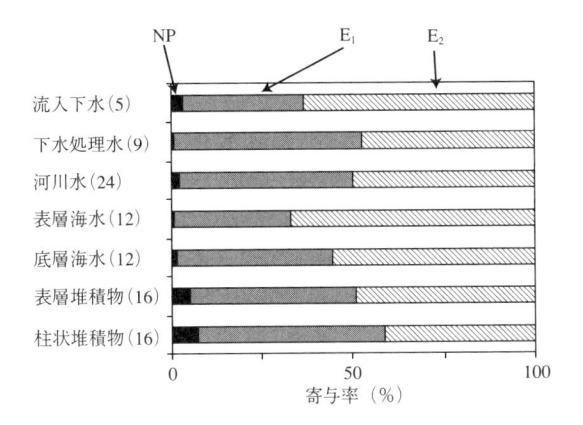

図2·9 各環境媒体中のフェノール系内分泌かく乱物質およびエストロゲン類のエストロゲン様活性への相対的寄与率（%）
（ ）内の数字は試料数

様活性への相対寄与度を示す．下水，下水処理水，河川水，東京湾海水，東京湾堆積物中でエストロゲン類（E_1とE_2）の寄与が全体の90%以上を占めていた．この傾向は，筆者らが東京の下水処理水について調べた結果[3]と一致する．一方，フェノール系EDCsの寄与は総じて相対的に小さく，NPが最大8%程度の寄与をしていたが，OP, BPAについては寄与率が極めて小さかった（＜1%）．ただし，NPについては海水中での寄与率よりも表層堆積物中での寄与率が大きくなっており，NPの疎水性が大きく（logKow＝4.48）堆積物に移行しやすいという物質動態（図2·5a）の考察と整合性のある結果となった．また，柱状堆積物の分析結果についても各成分の寄与を検出濃度と比活性値から評価すると，各成分が有意に検出され始めた1960年から現在までE_1とE_2がエストロゲン様活性の90%以上に寄与していると算出された．

§4. ウォーターフロントのノニルフェノールのホットスポット汚染

東京湾におけるエストロゲン様EDCsの物質収支から，NPが堆積物に比較的沈降・堆積しやすいことを明らかにしてきた．このことから，より陸に近い湾岸部ではより高濃度のNPが観測される可能性が示唆された．特に，東京湾岸の運河地帯は都市を流れてきた河川，工場，下水処理場，廃棄物処分場など

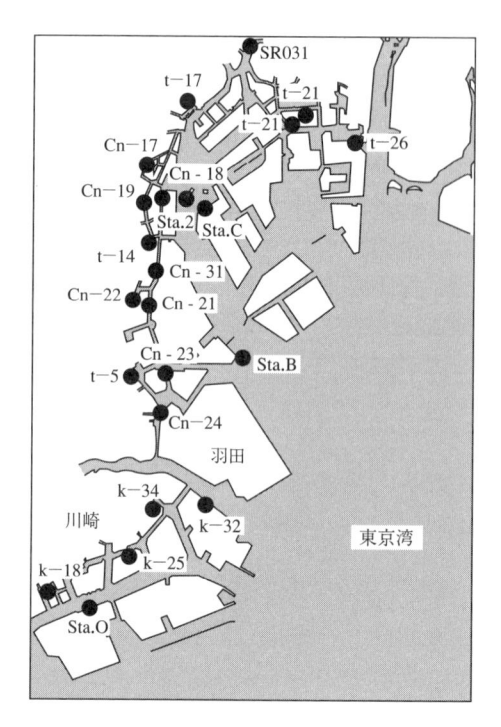

32　Ⅱ．水域汚染の実態と水域環境における動態

図2・10　東京湾岸運河地帯における堆積物試料採取地点

のエストロゲン様EDCsの潜在的な発生源が密集する水域である．一方で東京湾岸の運河地帯はウォーターフロントとして都市に住む人々に親水空間を提供する．また，それらの水域は汽水性や浅海魚貝類の重要な生息場所でもある．そこで，東京湾岸の運河地帯のエストロゲン様EDCsによる汚染実態と汚染源を明らかにするために，堆積物中のエストロゲン様EDCs汚染の集中的な調査を行った．

東京湾奥北西部の運河地帯26地点で2001～2003年にかけて表層堆積物を採取した（図2・10）．堆積物はエックマン採泥器で採取し，表層2 cmをステンレス製シャベルでとり，試料とした．堆積物試料は，凍結乾燥後，有機溶媒で抽出し，シリカゲルカラムで分画・精製し，アセチル誘導体化後，GC-MSによりAPs，BPA，エストロゲン類を同定・定量した．同じ試料について，雨天時越流下水の指標化合物の直鎖アルキルベンゼンをGC-MSにより定量した．

湾岸地帯堆積物から0.08～23.1 μg/gのNPを検出した．調査地点のうち，5地点から10 μg/gを超える高濃度のNPを検出した（図2・11）．最高濃度の23.1 μg/gは底生生物に悪影響を及ぼす濃度（26.1 μg/g；Naylor 1995）と同程度であった．NPが高濃度を示した地点は，下水処理場の雨天時越流水の放流口，ポンプ所近傍に位置していた．東京23区部のように，古くから下水道が普及している都市では下水と雨水を同じ下水管で集める合流式という下水処理方式が使われている．合流式により下水処理を行っている地域である程度まとまった雨が降ると，下水処理場の各処理槽が溢れないように，下水処理場の

中のバイパスを通して未処理の下水と雨水が直接河川や海域へ放流される．また，下水処理場へ至る途中にポンプ所という施設があり，そこでも未処理の下水と雨水が河川や海域へ放流される．このような雨天時に水域へ雨水とともに未処理で放流される下水は，雨天時越流下水と呼ばれる．東京都では，年間20～30回程度の雨天時越流が起こる．運河地帯で堆積物中のNP濃度が高かった地点は，いずれも下水処理場の雨天時越流水の放流口，ポンプ所近傍であっ

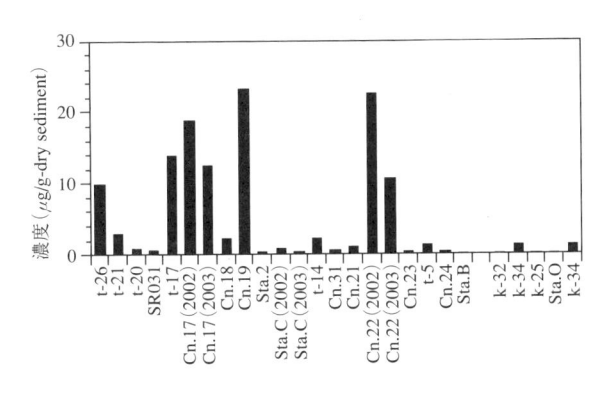

図2・11 東京湾岸運河地帯堆積物中のNP濃度

た．このことは，NPが雨天時越流由来であることを示唆している．

さらに，NP高濃度地点では，雨天時越流下水の指標のアルキルベンゼンも高濃度であった．直鎖アルキル基（C_{10}-C_{14}）をもつ直鎖アルキルベンゼン（LABs）は，家庭用合成洗剤に含まれる陰イオン界面活性剤の直鎖アルキルベンゼンスルホン酸塩（LAS）の原料である（図2・12）．スルホン化されずに残ったLABsが製品

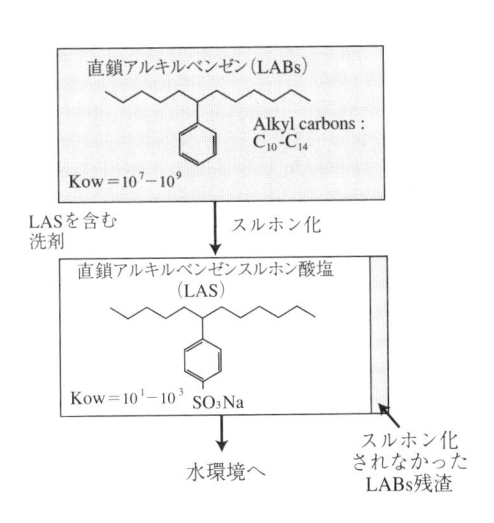

図2・12 アルキルベンゼンの水環境への流入経路

の洗剤中に含まれ，洗剤の使用に伴い水環境へ放出され，生下水中には数〜十数μg/Lの濃度でLABsが含まれる．LABsは，LASよりも微生物分解されにくいことから，1983年に東京湾堆積物とロサンゼルス沖の堆積物中で発見されて以来，下水，下水汚泥，陸起源汚染源の分子指標として世界各地で多くの測定が行われている[4]．LABsは，logKowが7〜9と疎水性が大きいことから下水粒子のトレーサーとして有用である．また，その疎水性の大きさのために下水処理場で97%除去されるため[5]，下水処理水により水域へもたらされるLABs量は少ない．そのため，東京23区部のように下水道が100%普及した地域では，水域へのLABsの主な負荷源は雨天時越流下水であり，LABsは雨天時越流下水の指標と考えられている．今回堆積物中から高濃度のNPが検出された地点では，LABsも高濃度で検出され，両者には高い相関が認められた（r^2=0.79；n=29；図2・13）．これらの観測結果から，雨天時越流下水が運河地帯堆積物のNPの主要な供給源と考えられた．実際に，雨天時越流下水から800〜2,155 ng/Lという下水処理水（14〜15 ng/L）よりも2桁高濃度の懸濁態NPが検出されている．NPの下水処理における除去効率が70%と高いことから，未処理の下水が水域へ直接流入する雨天時越流下水からのNPの寄与が相対的に

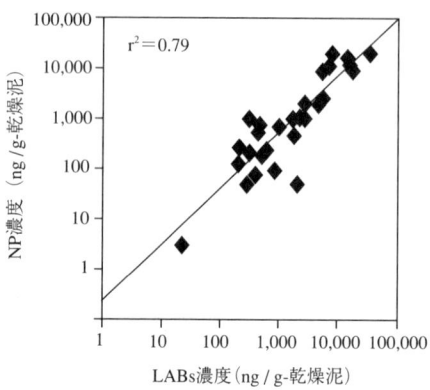

図2・13 東京湾岸運河地帯堆積物中のLABs濃度とNPの関係

図2・14 ノニルフェノールポリエトキシレートからNPの生成経路

大きくなる．また，下水管の中に堆積した下水堆積物の嫌気的環境の下ではノニルフェノールエトキシレートからNPへの還元反応（図2・14）が促進され，雨天時には堆積物中で生成したNPが洗い流され水域にもたらされている可能性も考えられる．これらの可能性についてはまだ検討すべき点が多いが，高濃度のNPが雨天時越流によりもたらされていることが明らかになった．

　未処理の下水には，天然のエストロゲン類も含まれていることから，雨天時越流によってエストロゲン類も水環境へ放出される．水環境における雨天時越流下水による内分泌かく乱を評価するには，エストロゲン類も併せて総合的に評価する必要がある．そこで，ウォーターフロントにおいて調査・測定したエストロゲン様EDCsとエストロゲン類全成分について，比活性を考慮してエストロゲン当量濃度を計算した．その結果，東京港側の地点において堆積物の内分泌かく乱のポテンシャルに占めるNPの寄与が大きいことが明らかになった（図2・15）．特に，いくつかの地点ではNPの寄与は50％以上であった．この結果は，下水処理水での結果と大きく異なり，内分泌かく乱の原因がすべてエストロゲンに起因するわけではないことを示している．特に，最近いくつかの本の中で内分泌かく乱の問題をエストロゲンによる汚染にすべて還元するような主張が行われているが，本調査の結果はそのような主張が自然界における化学物質による内分泌かく乱のすべてを評価できているわけではなく，さらにその影響を過小評価してしまう危険性を示している．合流式下水道の分流式への

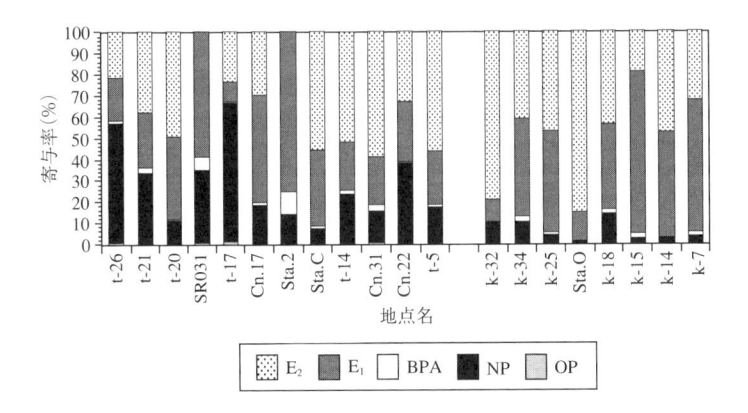

図2・15　東京湾岸運河地帯堆積物中のフェノール系内分泌かく乱物質およびエストロゲン類のエストロゲン様活性への相対的寄与率（％）

切り替えは膨大な予算が必要であり，水域への雨天時越流下水の流入を止めるには相当の年月がかかると考えられる．むしろ NP の使用を制限するか，代替物質への転換を図る方が，汽水・浅海域の生物を内分泌かく乱の驚異から守るには効果的かつ即効性のある措置と考えられる．下水道の普及による BOD, COD の低減という従来の方針で NP による内分泌かく乱のリスクを低減させることは困難であり，NP を個別に管理することが必要である．

§5. 魚貝類への内分泌かく乱物質の蓄積

エストロゲン様 EDCs による水生生物への影響を考える上では，環境媒体中のそれらの物質の濃度を把握すること（曝露評価）とともに，水生生物への取り込みと蓄積を明らかにする必要がある．化学物質の生物への蓄積に関しては，PCBs などの疎水性の高い汚染物質について多くの研究が行われてきたが，疎水性が比較的小さいフェノール系 EDCs（APs, BPA など）についてはほとんど報告例がない．これは，生体試料中のフェノール系 EDCs の分析が難しいことに 1 つの原因があった．そこで，本研究ではまず生体試料中のフェノール系 EDCs の分析法を確立し，それを東京湾の二枚貝に応用してフェノール系 EDCs の生物濃縮機構を解明した．

フェノール系 EDCs は，環境試料中で大量の夾雑物の中の微量成分として存在するため，GC-MS に注入して分析する前に夾雑物を除去（精製）する必要がある．これまで水や堆積物中のフェノール系 EDCs の分析のための精製には，主にシリカゲルクロマトグラフィーが用いられてきた．しかし，生体試料中には，シリカゲルカラムクロマトグラフィーではフェノール系 EDCs とは分離できない夾雑物が大量に存在する．このような生体由来の夾雑物を除去するために従来，加水分解が精製法として用いられてきた．しかし，加水分解処理を施すと NP や BPA も分解されることが懸念された．そこで，化学的な分解を伴わない夾雑物除去法として，ゲルパーミエーションクロマトグラフィーを検討した．その結果，シリカゲルカラムクロマトグラフィーによる精製に，ゲルパーミエーションクロマトグラフィーを組み合わせることにより，GC-MS によるルーチン分析に適した十分な精製効果が得られることが明らかになった．

確立した方法を，二枚貝のムラサキイガイ中の化学物質の分析に適用した．ムラサキイガイは，広く東京湾に分布していることと，世界中でモニタリング

用指標生物として用いられていることから対象生物として選んだ．イガイ類は，海水を濾過する過程で海水中の汚染物質を体組織中に濃縮する．イガイ類の濾過速度は，殻長5 cm程の貝で1時間に1 L程度と速いため，大量の海水が体内を通過する過程で海水中の汚染物質が効率的に濃縮される．また，イガイ類は芳香族系の汚染物質を代謝する酵素系が欠如しているために，芳香族系の有機汚染物質を体内に高濃度に濃縮する．また，固着性であることから，遊泳する魚を用いるよりも反映する汚染域が狭く，汚染源の特定などに威力を発揮する．また，1ヶ所に群生し採取が容易であり，大きさも数cm程度と殻むきなどの容易なサイズであり，モニタリングの遂行上便利な生物種である．さらに，イガイ類は汚染にも強いため，汚染された内湾から非汚染地域の岩礁まで広く分布し，熱帯水域から寒冷水域まで世界中に広く分布している．以上のような理由から，イガイを用いたモニタリングはMussel Watchと呼ばれ，世界中で展開されている．本研究の試料は，海上保安庁第三管区海上保安本部航行安全課および灯台部浮標課の協力のもとに採取した．海上保安庁が航路標識浮標（ブイ）を2年ごとに定期交換する際に，ブイに付着していたムラサキイガイを袖ヶ浦の浮標基地に陸揚げした直後に採取した．試料採取地点を図2・16に示す．貝を殻ごと氷冷して研究室に運び，殻をむき軟体部を取り出し，30個体分の軟体部をホモジナイズし，そこから一部（10 g）を採取し，分析に供した．微量有機汚染物質は，高速攪拌乳化装置を用いて有機溶媒で抽出し，ゲルパーミエーションクロマトグラフィーと2段階のシリカゲルカラムクロマトグラフィーで

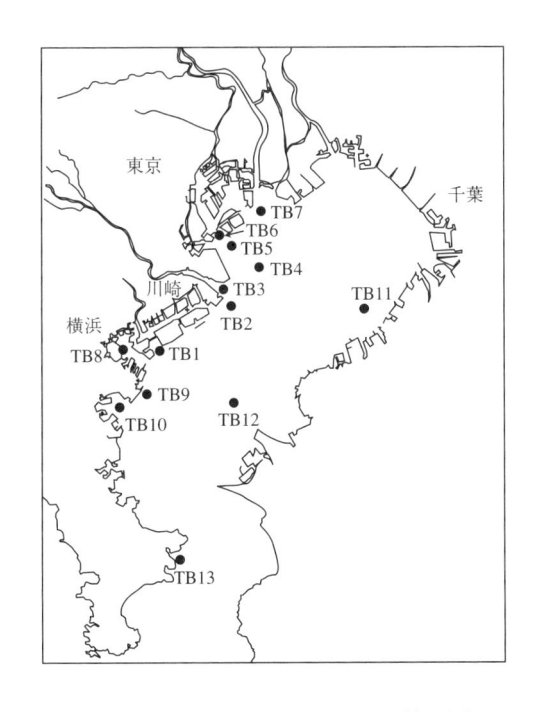

図2・16　東京湾におけるムラサキイガイ採取地点

精製・分画した．分析対象成分は，GC-MSを用いて定量した．

東京湾内13地点中12地点において，ムラサキイガイ中からフェノール系EDCsが操作ブランクに対して有意に検出された．NPは47〜1,347 ng / g-dryで検出され，PCBs濃度に比べて2〜8倍高い濃度であった（図2・17）．Sta.TB6の隅田川沖が最も高濃度であった．OPは，NPの1〜2桁低い濃度で検出された．BPAは，NPよりも2〜3桁低く0.5〜13.4 ng/g-dryで検出され，NP同様，隅田川沖が最も高濃度であった．PCBs（主要24同族異性体の合計）は，10〜256 ng / g-dryで検出され，DDEは1桁低く0.9〜39 ng / g-dryで検出された．PCBsやDDEは，東京，神奈川近辺で濃度が高くなる傾向があり木更津や湾口に近いSta.TB13などでは東京よりも1桁低い濃度であった．

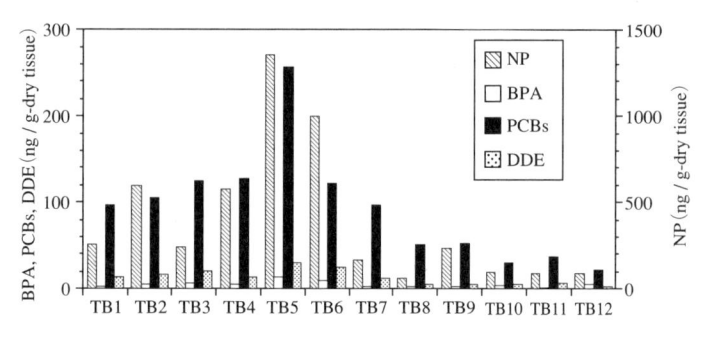

図2・17　東京湾ムラサキイガイ中の内分泌かく乱物質濃度

東京湾の羽田沖（Sta.TB4），東京西（Sta.TB6），本牧沖（Sta.TB9）で海水試料を採取・分析し，その結果をムラサキイガイの分析結果と比較した．これより海水からムラサキイガイ体内への生物濃縮係数（Bioconcentration Factor：BCF）を次式に従い算出した．

BCF ＝ 生物試料中濃度（ng / Kg）／海水中濃度（ng / L）　　　式(1)

一般に微量有機汚染物質の生体濃縮は，生物の脂肪組織と周辺の海水との間での物質の分配と考えられる[6]ことから，生物濃縮係数は脂肪当たりの濃度をもとに再計算した（BCF_{lipid}）．各物質のBCF_{lipid}と化学物質の脂溶性の指標として用いられているKowの関係を調べた（図2・18）．OP, NP, BPAはKowが大きくなるにつれ，BCF_{lipid}が大きくなる傾向が見られ（図2・18），BCF_{lipid}とKowの間には高い相関が認められた．さらに，これらフェノール系EDCsのBCF_{lipid}とKowの間の関係は，PCBsの同関係と同一の直線上に乗り，PCBsと同様に

疎水的な分配に基づき生物濃縮が起こっていることが明らかになった．生態系内では，このような水から直接的に生物濃縮されることに加えて，食物連鎖を通した濃度増幅が起こることが，PCBs などの疎水性で代謝されにくい汚染物質について明らかにされている．今後，フェノール系 EDCs も PCBs のような食物連鎖を通した濃度増幅が起こるのかどうかを明らかにしていく必要がある．

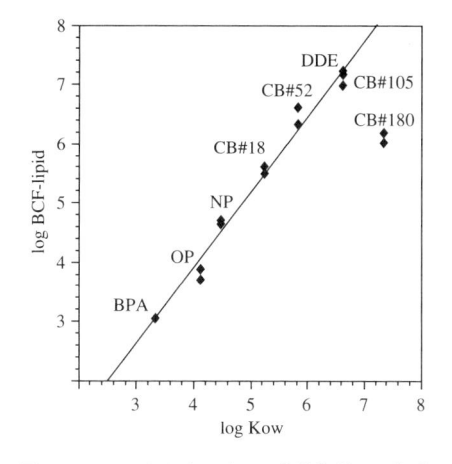

図 2·18 ムラサキイガイへの化学物質の生物濃縮係数とオクタノール－水分配係数の関係

謝　辞

本研究のフィールド調査および化学分析に本学環境有機地球化学研究室の学生諸氏に大変お世話になりました．特に，西山肇氏，奥田啓司氏，佐藤剛志氏，山路修久氏，中嶋亜梨紗氏，小川泰代氏，金井美季氏，山梨和徳氏の卒業論文，修士論文のデータを本稿の中で引用させていただきました．ここに感謝いたします．

（中田典秀・高田秀重）

文　献

1) 国土交通省，http://www.mlit.go.jp/crd/city/sewerage/info/naibun/010509.html
2) 奥田啓司ら（2000）：沿岸海洋研究，37，97-106．
3) Nakada, N. et al. (2004): Environ. Toxicol. Chem., 23, 2807-2815
4) Takada, H. and Eganhouse, R.（1998）：The Encyclopedia of Environmental Analysis and Remediation, Wiley and Sons: pp. 2883-2940
5) Takada, H. and Ishiwatari, R. (1987): Environ. Sci. Technol., 21, 875-883
6) Schwarzenbach, R.P. et al. (2002): Environmental Organic Chemistry, second edition, Wiley-international.

③ 培養細胞を用いたスクリーニング

1990年代の初めから，世界各地で野生生物における内分泌かく乱現象に関する報告が相次いだ．また，その原因物質についても室内飼育実験により明らかにされてきたことは少なくない．しかし，一部の例を除いては動物実験で得られた内分泌かく乱現象を引き起こす濃度と，実際の環境中の濃度レベルとの間には相当な開きがあることもわかってきた．たとえば，水環境に目を向けてみるとエストロン（E_1）や17β-エストラジオール（E_2）などの天然エストロゲンおよび17α-エチニルエストラジオール（EE_2）のような合成エストロゲンの場合は環境中濃度で魚類の雄にビテロジェニン（Vg）の合成を誘導することがわかっている．また，船底塗料に防汚剤として加えられているトリブチルスズやトリフェニルスズがわが国沿岸や内湾における現在の海水中濃度レベル（数ng／L）で海産巻貝にインポセックス症状を引き起こすことも明らかにされている．この2つの例は環境中の濃度レベルに設定した *in vivo*，すなわち丸ごとの生物を用いるバイオアッセイでも確認されている．さらに，雄の魚類におけるVgの合成促進やインポセックス現象についてはその発生機序も明らかにされている．一方，アルキルフェノール類やビスフェノールA（BPA）を始めとした各種工業薬剤，さらに農薬類などがエストロゲン様の作用を示すことが明らかにされ，エストロゲンレセプター（ER）への結合競合試験などからも，これらの化学物質がいわゆる環境ホルモンとして注目されている．しかし，冒頭にも述べたように内分泌かく乱物質としてリストにあげられているものの大部分は水環境中の濃度レベルが1 μg／L以下であり，内分泌かく乱現象が直ちに顕在化する濃度とは考えられない．

近年，ダイオキシン類，PCB，DDTなどの残留性有機汚染物質（Persistent Organic Pollutants：POPs）問題にどのように取り組むかは世界的にも重要課題として定着しつつあるが，このPOPsと内分泌かく乱現象との関係を明らかにすることは容易ではない．なぜなら，POPsの環境中，とくに水環境中濃度は一般に10 ng／L以下で，現在の濃度レベルで急性的な生物影響が顕在化することはまれである．むしろ，生物濃縮により，生体に蓄積し，結果的にチトクロムP450（CYP）などの薬物代謝酵素活性を亢進させ，性ホルモンを含むス

テロイド代謝に異常をきたすことに注目すべきである．POPsの性質からみて生物への影響は栄養段階の上位にある，猛禽類や海産哺乳類においてこれまでにすでに報告されており，これらを外挿するとヒトへの影響が現実的に重要かつ身近な問題として浮上してくる．したがって，POPsは現在の内分泌かく乱物質問題の中で少し視点を変えた取り組みをする必要があろう．"内分泌かく乱"という用語は文字通り「ある種の化学物質が内分泌系をかく乱する」と解釈されるのは当然であるが，果たしてそうなのであろうか．生物の環境適応戦略はかなり融通がきくものと捉える方が妥当なケースは少なくない．たとえば，雄の魚類におけるVg合成にしても当初は血漿中に検出されたことだけで大騒ぎ，あるいはパニック状態を呈した時期もあったが，現在は雄の魚類でもあるレベルのVgが血漿中で検出されることはさほど特異な現象とは位置付けられていない．魚種によっては繁殖期になると，雄においてもVg濃度が上昇することも知られている．したがって，"内分泌かく乱物質"という用語よりも"内分泌活性物質"の方が正確な表現である場合もあろう．

このようなことを考慮しながら，本稿では身近な水環境中の潜在的内分泌かく乱物質のうち，エストロゲン様物質に的を絞って，質的および量的の両面から包括的に把握することを目的として，筆者らがこれまでに取り組んできたことを紹介する．具体的には個々の内分泌かく乱物質を定量するのではなく，*in vitro*のアッセイ法を用いて，まず環境水中に内分泌かく乱作用を示す物質が単独または複合して存在するかを確かめ，その上で物質の同定や作用機構を明らかにすることを目的とした．ここでは以下の順序に従って話を進めたい．

Ⅰ．下水処理場の各処理工程の試水中のエストロゲン様物質
Ⅱ．大阪湾全域の海水中におけるエストロゲン様物質の分布
Ⅲ．兵庫県武庫川におけるエストロゲン様物質の日内，経日，週間および経月変化
Ⅳ．わが国沿岸の海水や河川水中のエストロゲン様物質
Ⅴ．再構成実験から見た水中のE_2当量への寄与物質
Ⅵ．河川水中の細菌による天然および合成エストロゲンの分解

内分泌かく乱物質問題が包含するところは非常に広いが，ここでとりあげるエストロゲン様物質に関する知見が圧倒的に多い．男性ホルモン（アンドロゲン），甲状腺ホルモン，その他の内分泌系に関わることについては影響が見られないのではなく，取り組みが不十分であると理解すべきであろう．なお，水生

生物と内分泌かく乱物質(環境ホルモン)に関しては多くのレビューがなされているので参照されたい[1-8].

§1. 方 法

1·1 試 水

分析に供した水試料は以下のとおりである.
1) 1998年11月兵庫県南部の下水処理場において採取した生下水,初沈越流水,活性汚泥処理水および塩素処理後の最終放流水(図3·1)
2) 1999〜2003年兵庫県武庫川の上流,中流および下流(図3·2),また2001年10月長野県千曲川(上田)で採取した河川水(図3·3)
3) 2000年4月および2001年5月大阪湾全域で採取した海水(図3·4)
4) 2001年9〜10月に北海道(小樽,上磯),東京湾(新港南橋,新六郷橋),大阪湾(中央部,南西部)広島湾(宮島付近)及び有明海(北部,南東部)などのわが国沿岸で採取した表層海水(図3·3)を用いた.

1·2 エストロゲン様物質の抽出

試水はグラスファイバー濾紙で濾過後,Sep-PakC18カートリッジを用いる固相抽出法により吸着・濃縮後,ジメチルスルホキシド(DMSO)またはエタノールに溶解させて *in vitro* のアッセイに供した.また,ジクロロメタンを用いて液−液抽出を行い,同様に *in vitro* のアッセイに供して抽出法の違いがエ

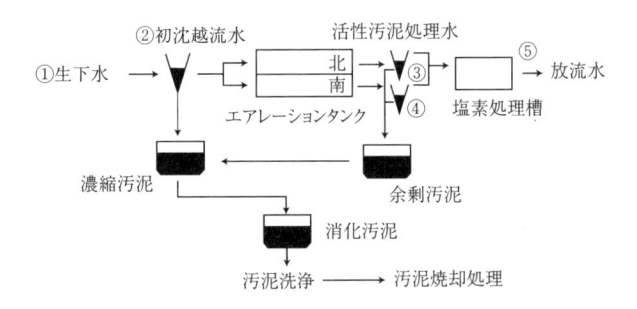

図3·1 下水処理場の下水処理過程とサンプリングポイント

ストロゲン様物質の濃度測定にどの様に影響するかも調べた（図3・5）．水中のエストロゲン様物質濃度はヒト乳がん由来細胞のMCF-7またはT-47Dを用いるE-screen[9]（図3・6），ヒト子宮内膜がん由来細胞を用いるIshikawa cell-ALPアッセイ[10-12]（図3・7）および組換え酵母を用いるYESアッセイ[13]（図3・8）の3種の in vitro アッセイを用いた．また，市販のELISAによるエストロゲン測定キット，さらにGC-MSやHPLCなどの化学分析を用いたエストロゲン様物質の測定も行った．in vitro のアッセイにおいては水中のエストロゲン

図3・2　兵庫県武庫川における調査地点

・上流(Sta.1)…兵庫県三田市　興徳寺橋
・中流(Sta.2)…兵庫県西宮市　森興橋
・下流(Sta.3)…兵庫県尼崎市・西宮市境　武庫川

44　II．水域汚染の実態と水域環境における動態

図3・3　沿岸海水および河川水の採取地点

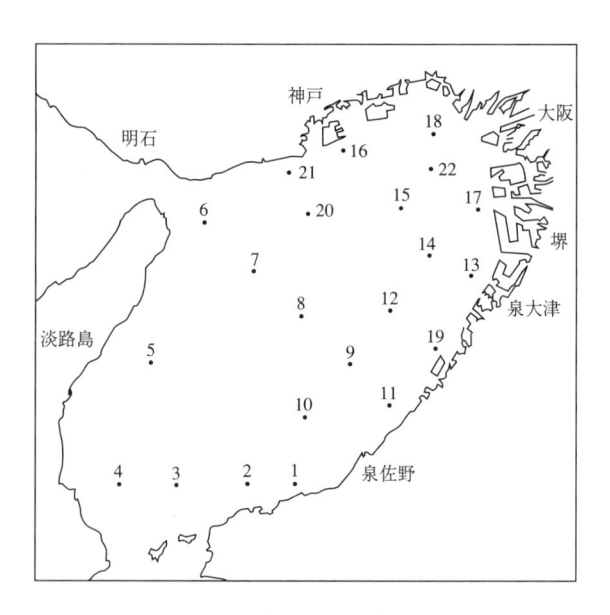

図3・4　大阪湾における調査地点

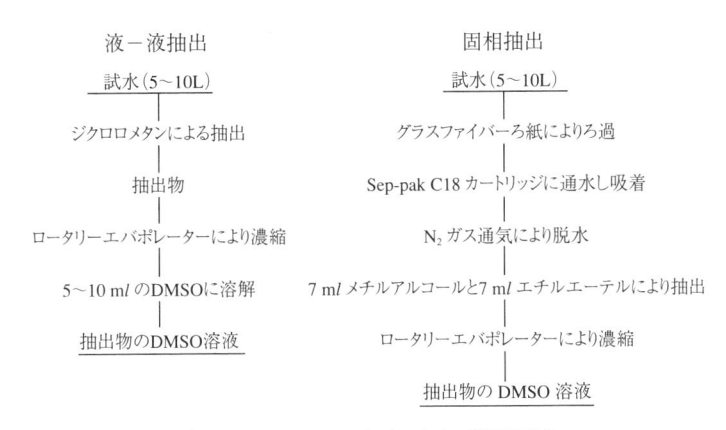

```
        液－液抽出                         固相抽出
       試水(5～10L)                      試水(5～10L)
           │                                │
   ジクロロメタンによる抽出          グラスファイバーろ紙によりろ過
           │                                │
         抽出物                    Sep-pak C18カートリッジに通水し吸着
           │                                │
  ロータリーエバポレーターにより濃縮      N₂ガス通気により脱水
           │                                │
    5～10 mlのDMSOに溶解       7 mlメチルアルコールと7 mlエチルエーテルにより抽出
           │                                │
     抽出物のDMSO溶液            ロータリーエバポレーターにより濃縮
                                            │
                                     抽出物のDMSO溶液
```

図3·5 *in vitro* のアッセイのための試料調整法

ヒト乳がん由来細胞
├─ 5% FBS を含む D-MEM で培養した細胞を 24 穴の培養プレートに
│ $2×10^4$ cells / well の細胞密度で植える.
├─ 24時間培養し, プレートの底面に細胞を付着させる.
├─ CD-FBS を 5% の濃度で含み, かつ供試化合物を添加した D-MEM と交換する.
├─ 37℃, 5% CO_2 / 95% air の条件下で 6 日間培養する.
├─ 培地を除去し, 10%TCA を加え, 4℃で 30 分間静置し, 細胞を固定する.
├─ 純水で洗浄後, 風乾する.
├─ 0.4%SRB で 10 分間染色後, 1%酢酸を用いて洗浄, 風乾する.
├─ 10 mMトリス緩衝液 (pH10.5) を用い, 細胞に結合した色素を可溶化する.
└─ 492 nm における吸光度を測定する.

図3·6 E-screen の概要

Ishikawa cell
├─ 15%FBS を含む DME 培地で培養した細胞を 24 穴プレートに
│ $15×10^4$ cells / well の細胞数となるように播種する
├─ 24時間培養し, プレート底面に細胞を付着させる
├─ 供試化合物を含む CD・FBS-D・MEM と交換する
└─ 37℃, 5%carbon dioxide / 95% air の条件下で 3 日間培養する

ALP活性の測定

図3·7 Ishikawa cell-ALP アッセイの概略

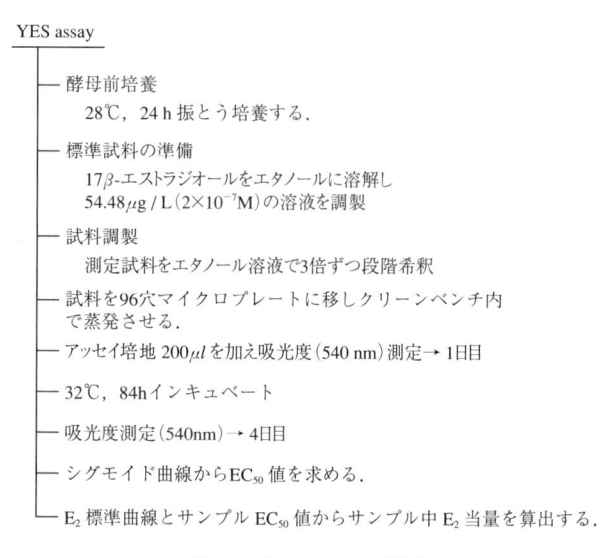

```
YES assay
├─ 酵母前培養
│    28℃，24 h 振とう培養する．
├─ 標準試料の準備
│    17β-エストラジオールをエタノールに溶解し
│    54.48 μg/L ($2\times10^{-7}$ M)の溶液を調製
├─ 試料調製
│    測定試料をエタノール溶液で3倍ずつ段階希釈
├─ 試料を96穴マイクロプレートに移しクリーンベンチ内
│    で蒸発させる．
├─ アッセイ培地 200 μl を加え吸光度(540 nm)測定→ 1日目
├─ 32℃，84hインキュベート
├─ 吸光度測定(540nm)→ 4日目
├─ シグモイド曲線から$EC_{50}$値を求める．
└─ $E_2$標準曲線とサンプル$EC_{50}$値からサンプル中$E_2$当量を算出する．
```

図3・8　YES アッセイの概要

様物質濃度をE_2に換算し，E_2当量として表わした．

1・3　再構成実験

2001年9～10月に採取した沿岸海水および千曲川で採取した河川水の試料12検体について，化学分析により測定したエストロゲン様物質の濃度をもとに同じ組成の培養液を調製して再構成実験を行い，*in vitro* のアッセイで得られたE_2当量に寄与している物質が何かを評価した．

1・4　水中細菌によるエストロゲンの分解

水環境中に負荷された天然および合成のエストロゲンのその後の運命を知る目的で，武庫川の水中細菌によるE_2，E_1およびEE_2の分解を調べた．

§2．結果および考察

2・1　下水処理場の各処理工程に伴うエストロゲン様物質の消長

1990年代半ばから英国や米国の下水処理場付近の魚類で雄の血中に高濃度のビテロジェニン（Vg）が検出されたり，精巣に卵母細胞が見られたという

報告が多数なされてきた．下水処理場の放流水中にエストロゲン様物質が含まれていることが疑われ，実際に，天然（E_2やE_1）および合成のエストロゲン（EE_2）が検出され，下水の処理水中にエストロゲン様物質が含まれていることは今や常識である[14]．わが国においてもいくつかの報告があるが，複数の in vitro アッセイを用いて，エストロゲン様物質を包括的に調べた例は少ない．

図3・9はヒト乳がん由来細胞のT-47Dを用いて生下水中のエストロゲン様物質を測定した結果である．抽出法の違いによって結果が大きく異なることがよくわかる．すなわち，Sep-PakC18カートリッジを用いる固相抽出法では抽出物濃度が高くなるにつれて，すなわち図中で濃縮倍率が高くなるほど細胞の増殖は促進され，量－反応関係が明瞭になる．ところがジクロロメタンを用いる液－液抽出法では濃縮倍率が上昇すると細胞増殖は抑制され，ひいては細胞が死滅した．このことは液－液抽出法では細胞毒性を示す（キリング効果という）物質を抽出・濃縮していることを示している．河川水などの環境水中には多種多様な物質が含まれていることはよく知られており，細胞毒性を示す物質の存在も報告されている．一般的に，生下水中には家庭排水と工場排水中の多様でかつ，有害な化学物質が含まれているが，固相抽出法ではそのような細胞毒性物質を捕捉していないといえよう．下水処理場では生下水を受け入れた後，沈

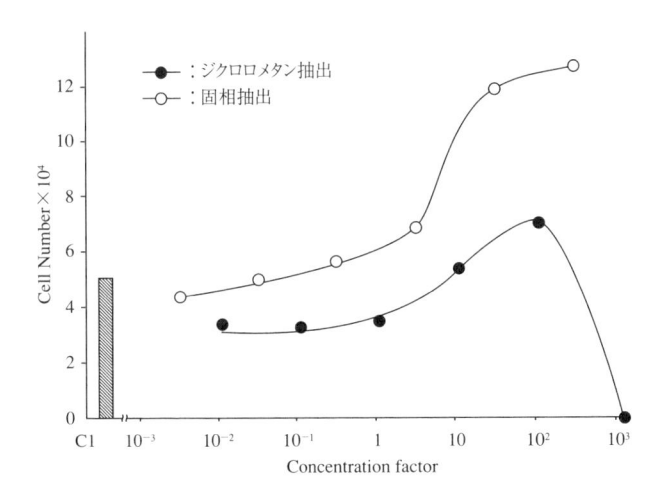

図3・9　E-screenによる生下水中のエストロゲン様物質の測定
Cl：CD-FBS コントロール

澱処理を施し，その越流水（初沈越流水という）を活性汚泥（二次）処理槽へ導く．この初沈越流水においても2つの抽出法による量－反応関係は生下水とほぼ同様であり，沈澱処理によってエストロゲン様物質は懸濁物とともに沈降することはなく，溶存態または微細な懸濁物に吸着していると考えられる．

活性汚泥処理後はエストロゲン様物質濃度が低下し，液－液抽出物によるキリング効果も観察されなかった．これは活性汚泥処理により，エストロゲン様物質が分解されたことと，エストロゲン様物質に加えてその他の化学物質も分解または活性汚泥へ吸着して，沈降したためと考えられる．ここでは，具体的なデータは示していないが，濃縮汚泥中には高濃度のエストロゲン様物質が含まれていることを別途，確認している．微生物によるエストロゲンの分解については後述する．

活性汚泥処理後は塩素注入により殺菌して，河川または港湾域に放流されるが，最終放流水中にもエストロゲン様物質が含まれていた．また，最終放流水

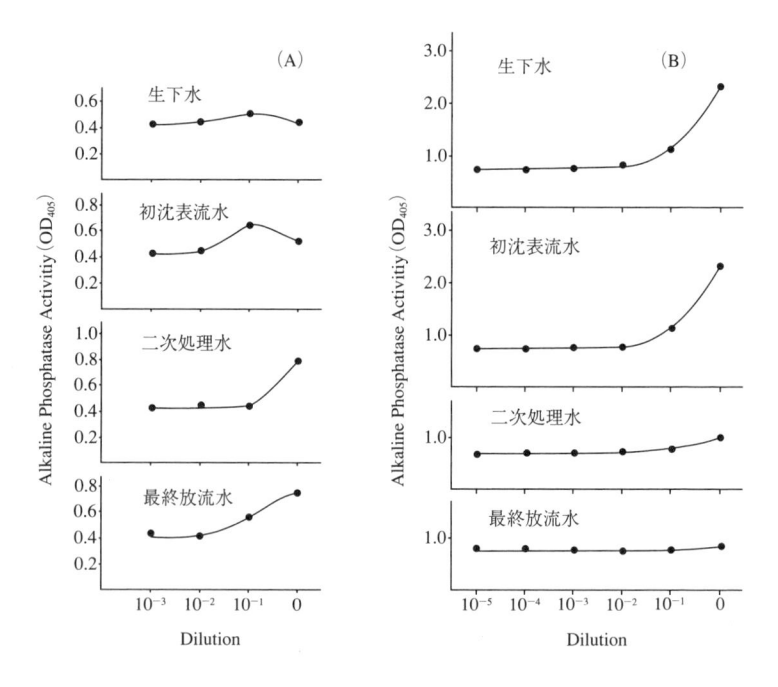

図3・10　Ishikawa cell-ALPアッセイによる下水処理過程中のエストロゲン様物質の測定
A（左側）：ジクロロメタン抽出，B（右側）：固相抽出

の液-液抽出物において僅かながらキリング効果が見られることも特徴的である．塩素処理により何らかのキリング効果を示す物質が生成したのかもしれない．

Ishikawa cell-ALPアッセイにより下水処理各工程の水中エストロゲン様物質を測定した結果は図3・10に示したとおりである．液-液抽出物では生下水，初沈越流水いずれも量-反応関係が認められず，活性汚泥処理水と最終放流水中で顕著なエストロゲン様物質が見られた．一方，固相抽出物では生下水と初沈越流水中で明らかなエストロゲン様物質が，また，活性汚泥処理水中では僅かに検出され，最終放流水ではほとんどエストロゲン様物質は検出されなかった．

このように，試水中のエストロゲン様物質を測定する際に，試料の調製法，すなわち，固相抽出か，液-液抽出かによって結果に大きな違いがあることがわかった．

図3・11は上に述べたE-screenとIshikawa cell-ALPに加えて，組換え酵母を用いるYESアッセイと市販のE_2測定キット（ELISA）を用いる方法の，計4種のアッセイ法により下水の各処理工程におけるエストロゲン様物質（E_2当量）の消長を示したものである．なお，ここで示した結果はすべて固相抽出法によ

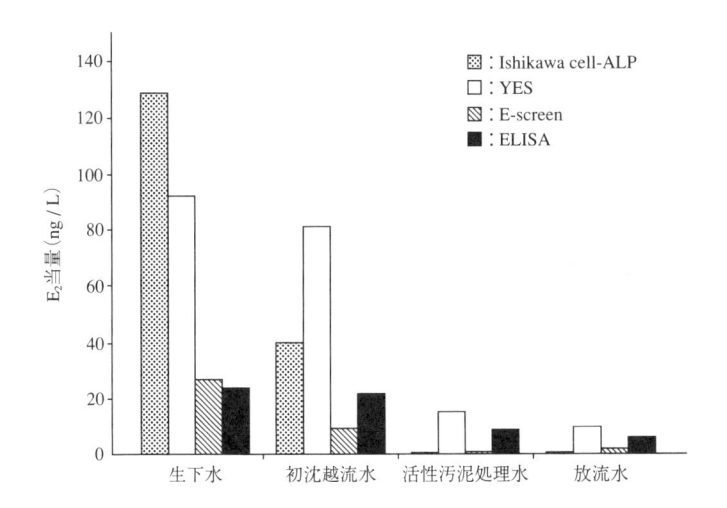

図3・11 3種の *in vitro* アッセイから求めた下水処理水中のE_2当量値およびELISAによるE_2の測定値

り調製した試料を用いたときのものである．一般に，処理工程が進むに従い，E_2当量値が低下するが，最終放流水中にエストロゲン様物質が顕著に含まれていることも明らかである．

アッセイの違いによってE_2当量値に大きな差が見られることの理由は以下のように考えている．まず，下水中には天然および合成エストロゲンや人工のエストロゲン様物質が混在しているが，各アッセイに用いる細胞がこれらの物質群に対して異なった感受性を示すこと，さらに試水中に含まれる多種多様な化学物質が各細胞に及ぼす影響の度合も異なること，などが関わっていると思われる．

エストロゲン様物質の抽出法の違いが，*in vitro*のアッセイによる測定結果に及ぼす影響は下水に限ったことではなく，河川水においても見られる．図3・12は兵庫県西宮市内の小河川（東川）で採取した水について，T-47D細胞を用いるE-screenにより，エストロゲン様物質を測定した結果である．液－液抽出法により調製した試料においてキリング効果が明らかに認められた．

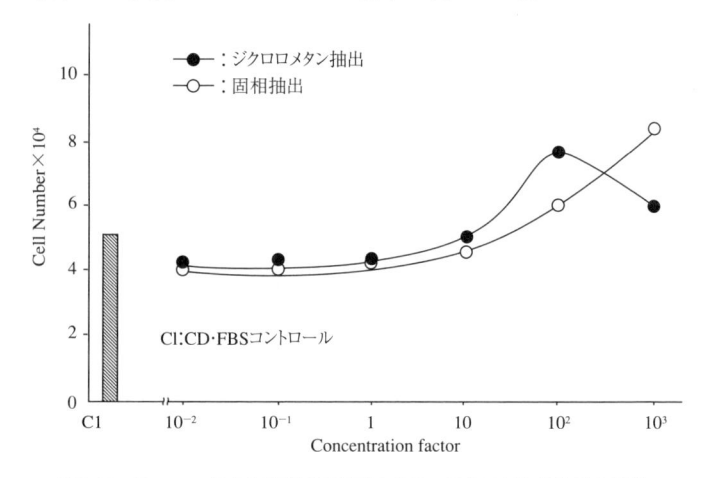

図3・12　E-screenによる西宮市内河川水中のエストロゲン様物質の測定

2・2　大阪湾全域の海水中におけるエストロゲン様物質の分布

2000年4月と，2001年5月に大阪湾の湾奥〜湾口部において表層海水を採取し，固相抽出により試料を調製して，Ishikawa cell-ALPアッセイに供した．大半の地点におけるE_2当量は1 ng/L以下であったが，図3・13に示したよう

3. 培養細胞を用いたスクリーニング　51

に，湾奥部の地点で一般に高いE_2当量値が得られ，とくに2000年4月の泉大津沖で約30 ng / Lという高い値が認められた．しかし，2001年5月の調査では湾奥部のみならず，湾中央部や淡路島東部においてもE_2当量値は高かった．

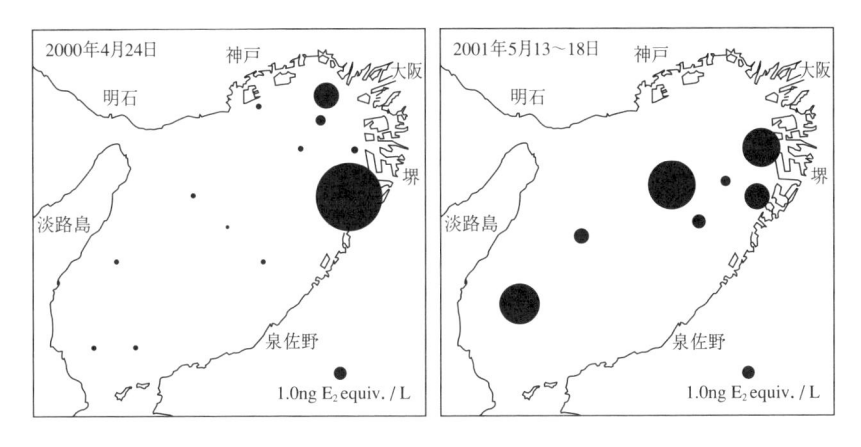

図3·13　大阪湾の表層海水におけるE_2当量の水平分布（Ishikawa cell-ALPアッセイ）

　海水や河川水などの水試料は流動的であり，気象状況などによる影響を受けやすく，得られた結果はその時々の，すなわち瞬間的な状況を示すことになり，必ずしも水域の一般的状況を表わしていない．下水処理場のような特定の排出源が近接している場合を除いて，一定の傾向が認められるケースは少ないと考えられる．この点については河川水中のエストロゲン様物質の濃度が経日的

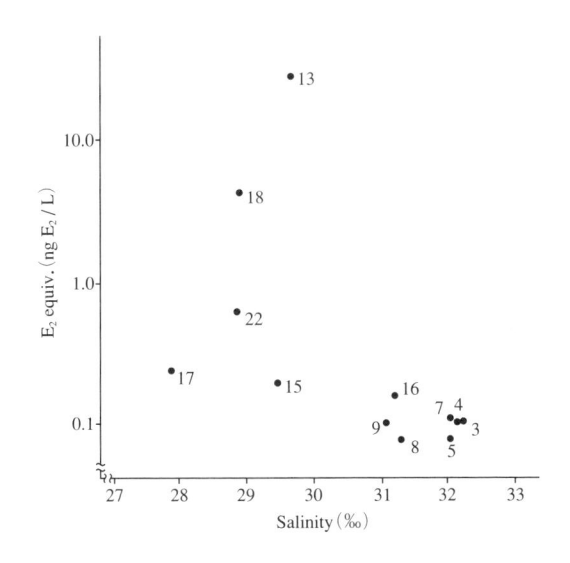

図3·14　大阪湾の表層海水中のE_2当量と塩分濃度との関係（Ishikawa cell）

に，どの程度変化するかを調べた結果のところで再度取り上げる．

大阪湾海水中のエストロゲン様物質の由来は河川などの陸水と考えられるが，図3・14に示したように，塩分濃度とE_2当量値との間には負の相関が見受けられることから，河川水の影響が大きいことがわかる．しかし，上述の泉大津沖のSta.13における値が回帰直線から外れており，この地点では他と異なる流入パターンがあるのかもしれない．E-screenアッセイを用いて求めた大阪湾の海水中E_2当量値もIshikawa cell-ALPアッセイの結果とほぼ同様で，2000年4月の泉大津沖の地点において高いE_2当量値が認められた．

2・3　兵庫県武庫川におけるエストロゲン様物質の日内，経日，週間および経月変化

天然エストロゲン（E_1やE_2），合成エストロゲン様物質（アルキルフェノール類，BPAなど）が身近な水環境中で検出されることはよく知られているが，水中のこれらの物質の濃度は気象状況，とくに降雨により大きく影響される．また，調査地点付近に下水処理場の放流口が存在しているかどうか，さらに下水処理場の運転状況などにも左右されると思われる．このようなことを考慮して，兵庫県南部の武庫川の下流部において2002年6月～2003年7月に，1日3回，7日間にわたって毎日，1ヶ月にわたって1週間ごとおよび毎月というようにきめこまかく河川水を採取し，*in vitro*のアッセイにより潜在的エストロゲ

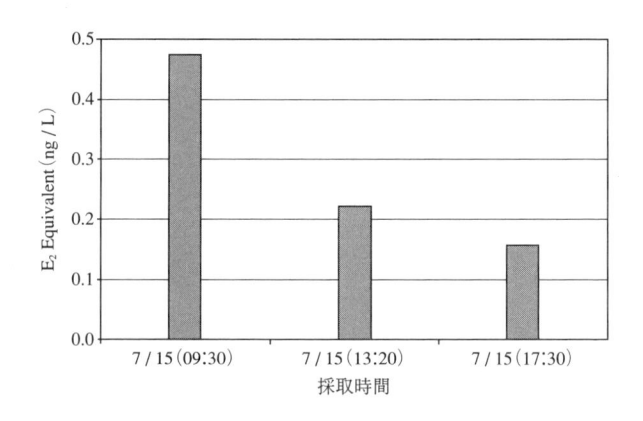

図3・15　Ishikawa cell-ALPアッセイによる河川水中のエストロゲン様物質の測定（Sta.3：7月15日朝，昼，夕）

ン様物質の濃度を測定した[15]．下流部のSta.3における日内変動を見ると，濃度レベルは低いものの，朝⇒昼⇒夕の順にE_2当量値（Ishikawa cell-ALPアッセイ）は低下したが，このことが日内変動の一般的な傾向かどうかは，今後さらにきめ細かく検討することが必要である（図3・15）．夏季の1週間，毎日9時に下流部で河川水を採取し，エストロゲン様物質濃度（Ishikawa cell-ALPアッセイ）を測定した結果，河川水の採取日によってE_2当量値は大きく変動し（0.35〜4.94 ng／L），とくに前日に約40 mmの降雨があった翌日（7月1日）に高い値が得られた（図3・16）．これは中流域に設けられている下水処理場が降雨のためオーバーフロー状態となり，処理が不完全な下水が河川に流入したためか，あるいは河川底泥に蓄積していたエストロゲン様物質が水量の増加に伴って巻き上げられたのかもしれない．また，河川水中のE_2当量値と一般的水質との関連を見ると，図3・17に示したように，SS（浮遊懸濁物質）やBODとは正の相関があり，pHやDOとは負の相関があることがうかがわれる．夏季は下流部の流速が低いところでは水が滞留し，植物プランクトンの増殖により，pHやDOが上昇するが，降雨量が多いときはSSとBODが上昇し，逆にpHとDOは低下する．2002年6月から2003年7月までの約1年間におけるE_2当量の月変化（0.06〜4.69 ng／L）を見ると，7月の降雨翌日と2月，3月でや

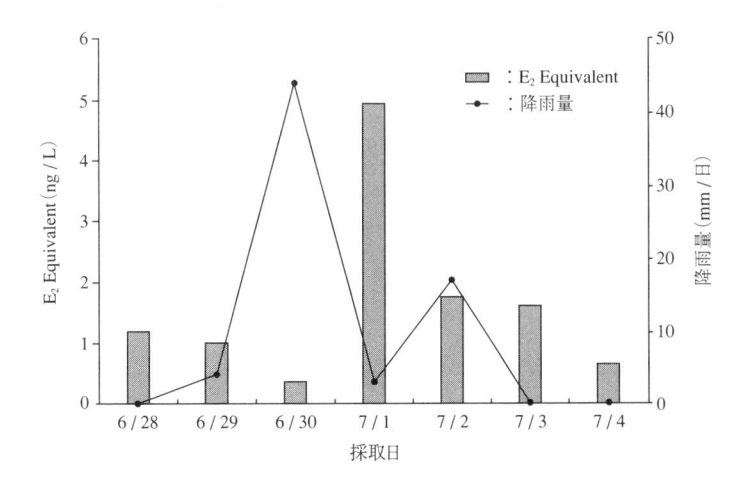

図3・16　河川水中のエストロゲン様物質の濃度と降雨量の関係（Ishikawa cell-ALPアッセイ，Sta.3：6月28日〜7月4日）

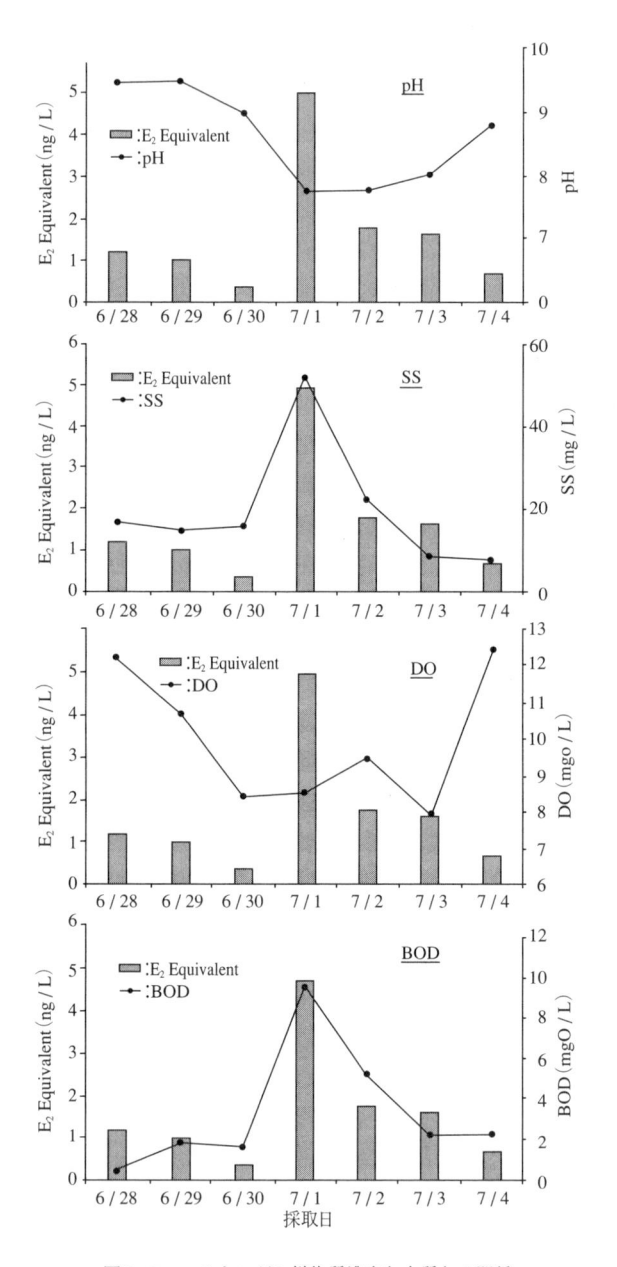

54　Ⅱ．水域汚染の実態と水域環境における動態

図3・17　エストロゲン様物質濃度と水質との関係

や高い値が認められたが，これが一定の傾向かどうかは不明である（図3・18）．河川水中のエストロゲン様物質については，後述するように，下水処理場付近に位置する調査地点を除けば，常時高い濃度を示すような状況は稀かもしれない．先に述べた大阪湾全域の調査においても，調査年によって局所的に高濃度を示す地点も見られたが，E_2 当量の水平分布に一定の傾向を見出すことは困難と思われる．

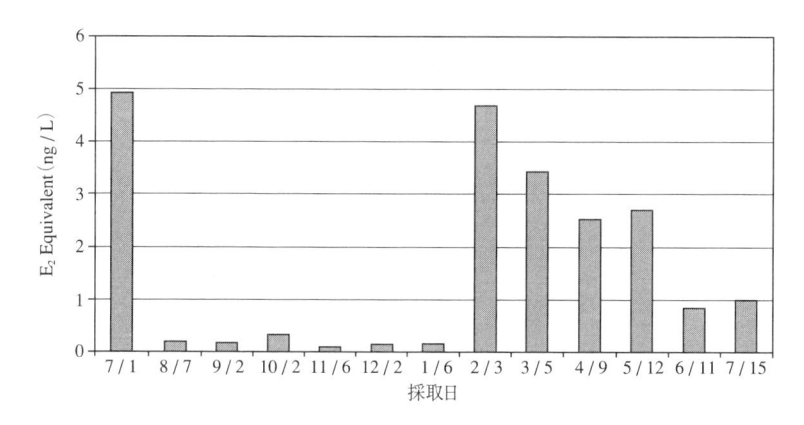

図3・18 ヒト子宮内膜眼由来細胞 Ishikawa cell を用いた河川水中のエストロゲン様物質の測定（ALPアッセイ）（Sta.3：2002年7月1日～2003年7月15日）

2・4 わが国沿岸の海水や河川水中のエストロゲン様物質

2001年10月に北海道から九州までの沿岸海水と長野県千曲川流域（上田市）の河川水を採取し，固相抽出により試料を調製したのち in vitro アッセイと GC-MS や HPLC を用いる機器分析に供し，エストロゲン様物質を測定した[16]．図3・19はIshikawa cell-ALP アッセイによる測定結果を示したものである．図中で右肩上がりのカーブを描いている地点は抽出液の原液を段階的に希釈したときのALP活性を示しており，急激な上昇カーブはエストロゲン様物質濃度が高いことを表わしている．長野県千曲川の上田2と3，東京湾西部沿岸の新港南橋におけるエストロゲン様物質濃度が際立って高いことがわかる．これらの3地点はいずれも下水処理場に近接しており，エストロゲン様物質の起源は下水処理場であるといえよう．E-screen，Ishikawa cell-ALP および YES の3種の in vitro アッセイと市販の E_2 測定キット（ELISA）により測定した各地点

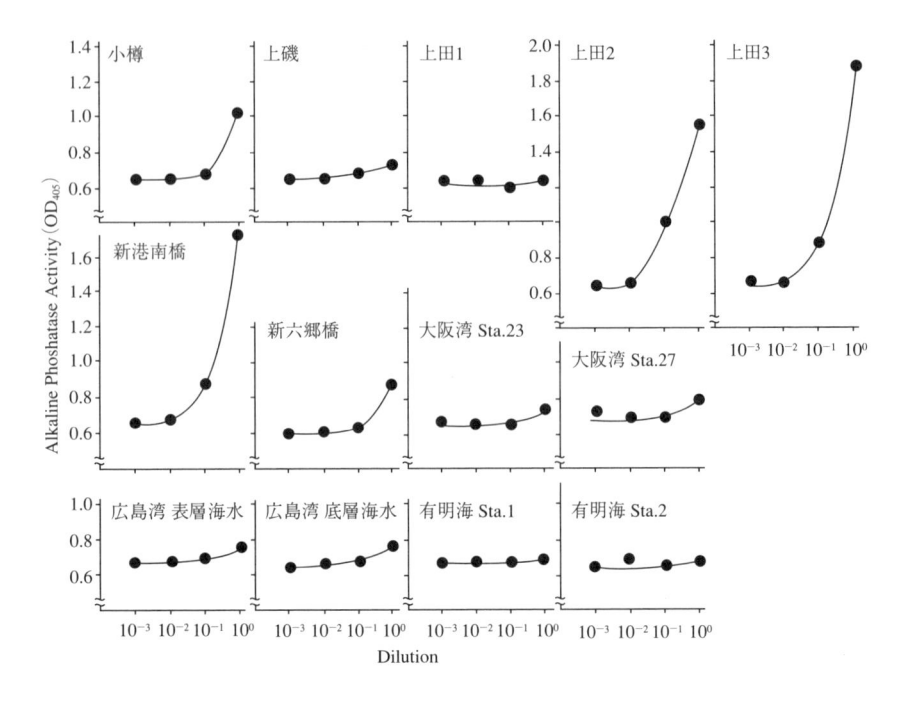

図3·19 Ishikawa cell-ALPアッセイによる海水および河川水中のエストロゲン様物質

のE_2当量またはE_2濃度を一括して示すと表3·1のとおりである．上に述べた3地点はいずれのアッセイ法においても高い値が得られた．その他の地点では東京湾岸の新六郷橋と北海道の小樽港において比較的高い値が認められたが，大阪湾，広島湾および有明海におけるE_2当量値は検出限界付近の濃度であった．3種の in vitro アッセイで測定されたE_2当量値の間には大きな差が認められたが，この理由については下水処理水における結果のところで述べたことと同様であろう．

GC-MSやHPLCにより同じ試水を分析して得られたエストロゲン様物質の濃度は表3·2に示したとおりである．DBPとDEHPなどのフタル酸エステルを除いて，内分泌かく乱作用が疑われている各種化学物質が検出された．すべての地点で検出されたのはE_1のみであり，ついでBPAやE_2の検出頻度が高かった．in vitroのアッセイやELISAによるE_2当量値が高かった地点ではE_1濃度が顕著に高く（32～50 ng / L），次いでE_2濃度も高い傾向が見られ（1.3～2.8

ng/L),この2種の天然エストロゲンがE_2当量に大きく関わっていることが推察される.

天然のエストロゲンが下水処理場の放流口付近で高い濃度を示し,当該水域に生息する雄の魚類の血漿中にVgが検出されるという現象は世界中で起こっている.これらの天然エストロゲンがヒトや家畜のし尿に由来することは明らかであるが,人畜のし尿は大昔から環境中に負荷されてきたことであり,現在,なぜ問題とされるようになったかは奇異に思える.この点については以下のように考えることができる.1つは下水処理場やし尿処理場の建設が増加し,数十万人分の下水を集中的に処理して放流するようになり,従来分散していた環境負荷が局所化したことがあげられる.2つ目は下水処理場の増設により,大都市では下水道の普及率がほぼ100%に達している.下水道の普及により,河川水のBOD値は大きく低下したが,河川の水量の大幅な減少を伴うことが多いと指摘されている[17].さらに,河川水のかなりの量が下水の放流水で占められるようになったことも水中のエストロゲン濃度の上昇に関わっていると思われる.このことはわが国だけでなく英国でも同様のことが起きている[18].

表3・1 3種の in vitro アッセイから求められたE_2当量と,EIAキットまたはGC-MC法により測定したE_1およびE_2濃度

	E-screen	Ishikawa cell -ALP法	YES	ELISA(EIAキット) E_2
小樽	3.2	2.4	1.7	5.7
上磯	ND	0.2	ND	1.2
上田1	ND	ND	ND	1.4
上田2	310	27	30	24
上田3	80	100	15	35
新港南橋	90	69	31	23
新六郷橋	37	0.9	2.4	3.8
大阪湾 Sta.23	ND	0.2	ND	1.4
大阪湾 Sta.27	ND	0.3	2.8	1.4
広島湾(表層)	0.1	0.2	ND	2.1
広島湾(底層)	0.1	0.2	ND	1.8
有明海 Sta.1	ND	ND	ND	1.2
有明海 Sta.2	ND	ND	ND	1.5

ND 検出限界(0.1ng/L)以下 (ng/L)

58 II. 水域汚染の実態と水域環境における動態

表3・2 試水中の天然, 合成エストロゲンおよびエストロゲン様作用が疑われている物質の濃度

	E_1	E_2	$17\alpha\text{-}E_2$	E_3	EE_2	NP	OP	BPA	DBP	DEHP
小樽	1.4	0.5	ND	ND	ND	ND	ND	20	ND	ND
上磯	0.3	ND	ND	ND	ND	ND	ND	ND	ND	ND
上田1	0.3	ND	ND	ND	ND	ND	ND	10	ND	ND
上田2	50	2.8	0.3	ND	1.2	ND	ND	40	ND	ND
上田3	44	1.3	ND	ND	ND	ND	20	ND	ND	ND
新港南橋	32	1.7	ND	ND	3.7	100	10	30	ND	ND
新六郷橋	5.8	0.4	ND	ND	ND	ND	ND	20	ND	ND
大阪湾 Sta.23	0.5	ND	ND	ND	ND	ND	ND	30	ND	ND
大阪湾 Sta.27	0.4	ND	ND	ND	ND	ND	ND	10	ND	ND
広島湾(表層)	0.3	ND	ND	ND	ND	ND	ND	ND	ND	ND
広島湾(裏層)	0.5	ND	ND	ND	ND	ND	ND	ND	ND	ND
有明海 Sta.1	0.3	ND	ND	ND	ND	ND	ND	ND	ND	ND
有明海 Sta.1	0.2	ND	ND	ND	ND	ND	ND	ND	ND	ND
検出限界	0.2	0.1	0.1	1	0.1	50	10	10	500	500

ND：検出限界以下 (ng / L)

E_1：エストロン NP：ノニフェノール
E_2：17β-エストラジオール OP：オクチルフェノール
$17\alpha\text{-}E_2$：17α-エストラジオール BPA：ビスフェノールA
E_3：エストリオール DBP：フタル酸ジ-n-ブチル
EE_2：エチニルエストラジオール DEHP：フタル酸ジ-2-エチルヘキシル

2・5 再構成実験から見た水中のE_2当量への寄与物質

環境水中のエストロゲン様物質が何に起因するかは上述の結果からある程度推測できたが，その他のエストロゲン作用を示すことがわかっている物質の寄与がどのようかを確かめるために再構成実験を行なった[16]．機器分析により測定された主要な化学物質の濃度と同じ培養液を調製し，Ishikawa cell-ALP アッセイに供した．図3・20A は東京湾岸の新港南橋における再構成実験の結果を示したものである．抽出物で得られたエストロゲン様物質（ここではアルカリフォスファターゼ活性測定における 405 nm の吸光度で示している）を100 とし，各含有成分の寄与率を示した．E_1 は54 %，経口避妊薬ピルの主成分である EE_2 が43 %，E_2 が4 %であり，NP，OP および BPA の寄与は認められなかった．E_1 をはじめとした計6種の化合物の混合物（Total Mixture）ではもとの抽出物（Original Extract）の75 %を占めた．残りの25 %が何によっているか

は現時点では不明である．同様の実験を長野県上田2および3の地点についても行なった．結果をそれぞれ図3·20Bと3·20Cに示した．いずれの地点においてもE_1の寄与率が高く，次いでE_2またはEE$_2$の寄与が大きかった．一方，

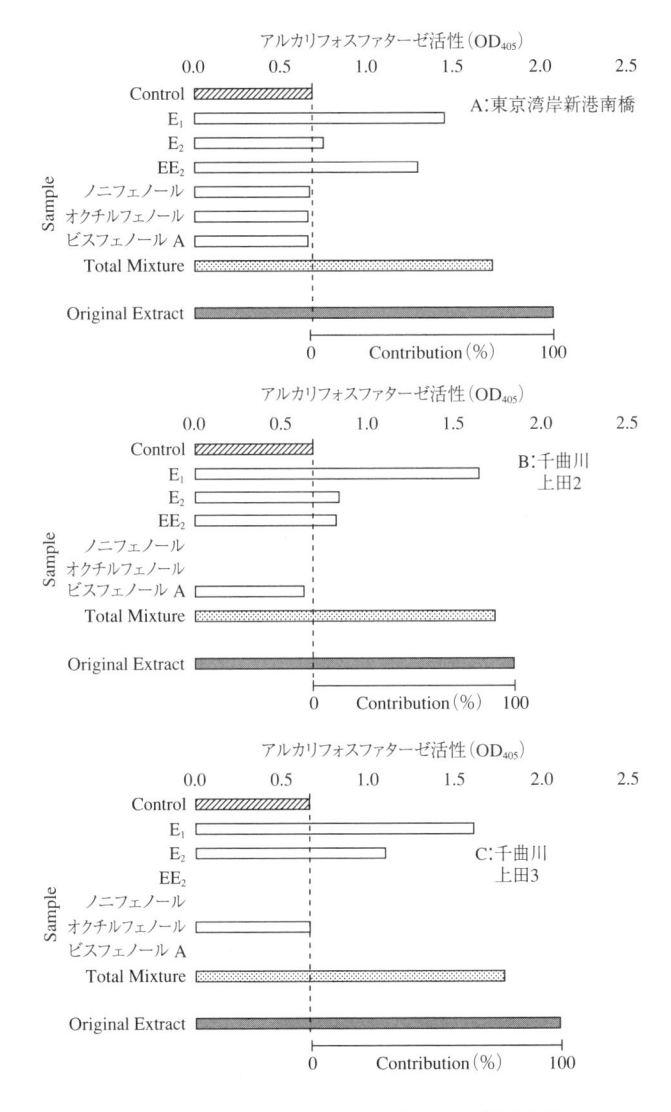

図3·20 Ishikawa cell-ALPアッセイによる再構成実験

内分泌かく乱物質として注目されているNP, OPおよびBPAについては今回の現場濃度レベルならばE_2当量への寄与は無視しうるといえよう.

2・6 河川水中の細菌による天然および合成エストロゲンの分解

エストロゲン様物質に限らず, 環境中に負荷された天然および人工の化学物質のその後の運命を左右するのは微生物分解と光分解であろう. ここでは微生物分解, とくに水中の細菌によるE_1, E_2およびEE_2の分解について筆者らが行った実験結果について述べる[15]. 2002年8月と12月に兵庫県武庫川の下流部 (Sta.3, 図3・2) において採取した河川水をフラスコに分注し, E_1, E_2およびEE_2の試水中の濃度がいずれも10 nMとなるように添加して数週間培養した. 培養温度は河川水の採取時期を考慮に入れて夏季は30℃, 冬期は15℃に設定した. 図3・21に示したように, E_1とE_2は初めの2～3日間の誘導期を経て, 分解がスタートし, 5～6日間で100％の分解が認められた. 夏季に比して冬期では分解の開始がやや遅れる傾向が見られたが, 最終的には6日間で分解が終了した. ところが, EE_2の場合は緩やかな分解が認められたが, 数週間後にも50％以上が残存しており, 天然のエストロゲンに比して水中の細菌による分解が非常に遅いことがわかる (図3・22). わが国ではピルの解禁が欧米の先進諸国と比べて遅かったが, 今後は使用量の増加が予想され, 環境水中の濃度がどのように変化するかをモニターすることが必要であろう. 天然および合成のエストロゲンの微生物分解に関してはこれまでにもいくつかの報告がなされており[18], それらの結果と筆者らのそれとはほぼ同様であることから, E_1やE_2は環境水の採取時期や場所にさほど左右されず, 水中の細菌により比較的容易に分解されると考えてよい. しかし, 先に述べたように, 河川水や沿岸海水中にはE_1やE_2が普遍的に検出されており, このことはこれらの天然エストロゲンについて定常的な環境負荷があることを示している. また, 沿岸域の底泥の表層のみならず, 柱状泥 (コアサンプル) の各層にも検出され, 年代測定から1960～1970年代の相に濃度が高いことも知られている. 底泥においては一般に嫌気的条件下にあり, 分解が円滑に進行しないのかもしれない. これらについてはさらなる検討が必要であろう.

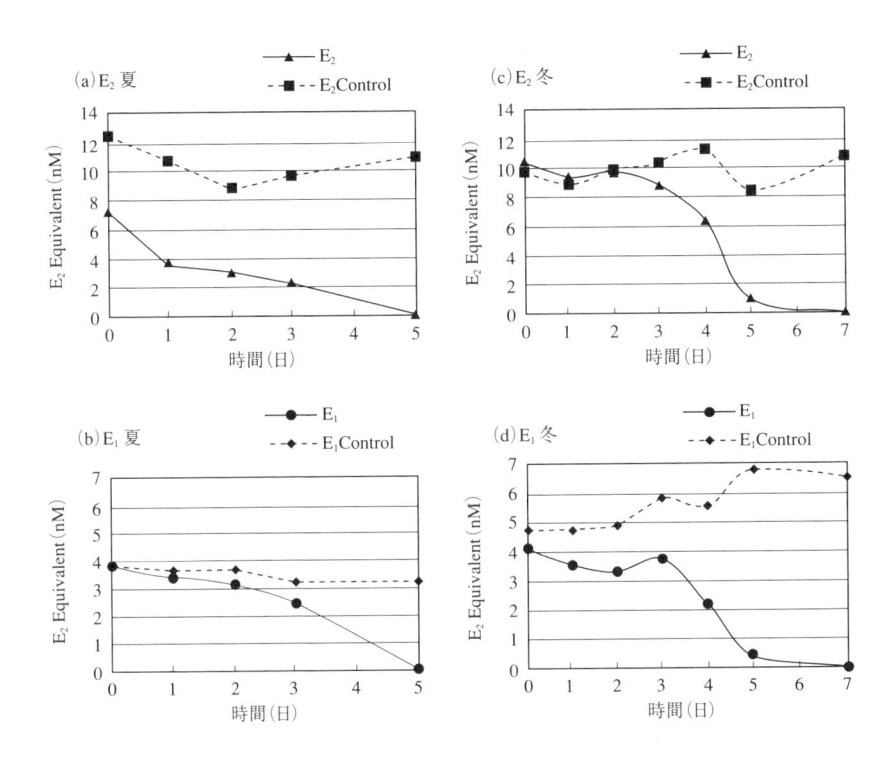

3. 培養細胞を用いたスクリーニング　61

図3・21　河川水中の細菌によるE₁およびE₂の分解

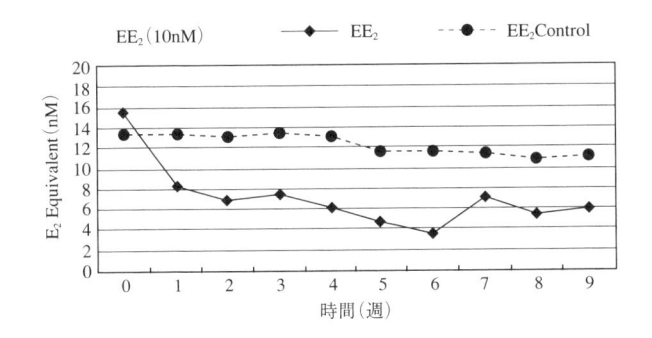

図3・22　河川水中の細菌によるEE₂の分解

§3. まとめと今後の課題

in vitro のアッセイにより水中のエストロゲン様物質を測定した結果を要約すると次のとおりである.

① 水環境試料を *in vitro* のアッセイに供する際に,液－液抽出によるか,または固相抽出によるかによって結果は異なり,とくに,前者の場合,抽出物中に細胞毒性を示す物質が存在する.

② エストロゲン様物質は下水の各処理工程を経るに従い低下するが,最終放流水中にも明らかに含まれる.

③ 大阪湾全域のエストロゲン様物質の水平分布は調査年によって異なるが,一般的には沿岸域や湾奥部で高い傾向が認められた.

④ 兵庫県武庫川できめ細かに,頻度高く調査を行なった結果,水中のエストロゲン様物質濃度の変動幅は経日的にも大きく,降雨などの気象条件に左右される.

⑤ 北海道から九州までの沿岸海水や長野県千曲川の河川水について,E_2 当量値を求めたところ,下水処理場に近接した地点で採取した試水は高い値を示し,GC-MS などの化学分析結果と対比すると,E_1 や E_2 濃度の高い地点で E_2 当量値も高かった.

⑥ 高い E_2 当量値を示した地点の試水に含まれる天然および合成エストロゲン,エストロゲン様作用を示すことが実験的に確かめられている化学物質の濃度と組成比が同一の培養液を調製して,*in vitro* のアッセイに供し,再構成実験を行なった.その結果,水中の E_2 当量値に対して,$E_1 > E_2 > EE_2$ の順で一般に寄与率が高く,アルキルフェノール類やBPAなどは,現在の水中濃度に関する限り E_2 当量値への寄与は無視しうる.

⑦ 河川水中の細菌により E_1 や E_2 は1週間以内に100%分解されるが,EE_2 の微生物分解は緩やかで,数週間後においても残存していた.

今後の課題としては以下のようなことが考えられる.

① 環境水中のエストロゲン様物質についてはかなりの知見が得られてきているが,沿岸域の底泥中のエストロゲン様物質についてはまだ知見が乏しい[19].天然および合成のエストロゲン,さらに人工のエストロゲン様物質が底生生物

に及ぼす影響を知るためにも表層泥および柱状泥中のエストロゲン様物質の測定は重要である．

② in vitro のアッセイにより，河川や沿岸域のエストロゲン様物質を包括的に測定することはできたが，このエストロゲン様物質が，水生生物に対してエストロゲン活性を示すかどうかの検証が必須である．このことについては，魚類の卵膜タンパクのコリオジェニンを合成する遺伝子制御領域をセンサーとし，緑色蛍光タンパク質（Green Fluorescent Protein：GFP）をレポーターとする遺伝子を導入したメダカ（トランスジェニックメダカ）を用いて現在検討中であるが，メダカの孵化仔魚を用いたとき，下水処理水の固相抽出試料量が $100\mu l$ で，処理水の約10倍濃縮液程度でGFP合成遺伝子の発現が観察された[20]．

③ 生物のホメオスタシスには内分泌系，免疫系，神経系，薬物代謝系などが関わっており，内分泌かく乱現象は免疫系や薬物代謝と密接に関わっている．これらの相互の関連についてはほとんど知見が得られていない．今後の重要な検討課題である[21]．

（川合真一郎・黒川優子・松岡須美子）

文 献

1) 川合真一郎（1999）：農林水産業と環境ホルモン，家の光協会，pp.70-98.
2) 川合真一郎（2000）：水産環境における内分泌かく乱物質，恒星社厚生閣，pp.19-30.
3) 川合真一郎（2001）：内分泌かく乱物質研究の最前線，学会出版センター，pp.32-52.
4) 松井三郎ら（2002）：環境ホルモンの最前線，有斐閣選書．
5) 宮本純之（2003）：反論！化学物質は本当に怖いものか，化学同人．
6) 川合真一郎（2003）：アプローチ環境ホルモン－その基礎と水環境における最前線－，日本水環境学会関西支部編，pp.65-95.
7) 川合真一郎，山本義和（2004）：第3版 明日の環境と人間，化学同人．
8) 川合真一郎（2004）：環境ホルモンと水生生物，成山堂書店．
9) Soto, A. M. et al. (1995)：Environ. Health Perspect., 103 (Supp.l.7), 113-122.
10) Holinka, C. F. et al. (1986)：Cancer Res., 46, 2771-2774.
11) Nishida, M. et al. (1996)：Human Cell, 9, 109-116.
12) Kawai, S. et al. (2002)：Otsuchi Marine, Science, 27, 28-32.
13) Routledge, E. J. and Sumpter, J. P. (1996)：Environ. Toxicol. Chem., 15, 241-248.
14) Routledge, E. J. et al. (1998)：Environ. Sci. Technol., 32, 1559-1565.
15) Matsuoka, S. et al. (2005)：J. Health Sci., 51, 178-184.
16) 松岡須美子ら（2004）：水環境学会誌，27, 811-816.
17) 加藤英一（2002）：水の循環，藤原書店，pp.166.
18) Sumpter, J. P. (2002)：Endocrine disruption in the aquatic environment in ［Endocrine

Disruptors Part II], Springer-Verlag, pp.275.
19) Matsuoka, S. *et al.* (2005): *Coastal Marine Science*, 29, 141-146.
20) Kurauchi,K. *et al.* (2005): *Environ, Sci. Technol.*, 39, 2762-2768.
21) Nakayama, A. *et al.* (2005): *Jpn. J. Environ. Toxicol.*, 8, 23-35.

III. 水産生物に対する影響実態と評価

④ ビテロジェニンによる影響評価

§1. 沿岸域の影響評価

環境水中には人間活動に由来する様々な化学物質が流入している．それらの中には雌性ホルモン（エストロゲン）活性をもつものが存在し，環境エストロゲン，あるいはエストロゲン様内分泌かく乱物質（エストロゲン様EDCs）と呼ばれている．エストロゲン様EDCsの中には人畜由来の17β-エストラジオール（E_2）やエストロン（E_1）などのエストロゲン類および植物エストロゲン，医薬品のエチニルエストラジオール（EE_2）や界面活性剤由来のノニルフェノール（NP），ポリカーボネイト原料のビスフェノールA（BPA）といった人工合成化学物質が含まれる．水域におけるこうしたエストロゲン様EDCsの存在は，水生生物の生殖や発生に悪影響を及ぼす可能性が懸念されてきた[1]．実際に英国の河川ではコイ科魚類のローチ（*Rutilus rutilus*）で精巣卵をもつ個体が多く見つかり[2]，下水処理水に含まれる高濃度のエストロゲン様EDCsが原因であることが明らかにされた．

エストロゲン様EDCsの影響を調査する手段として，魚類雄の血中に誘導されるビテロジェニン（Vg）の検出の有効性が示されている．Vgは卵黄タンパク前駆物質であり，本来，成熟期の雌の肝臓で内因性E_2によって合成され，血中に分泌されて卵巣に輸送され，卵に取り込まれる[3]．一方，Vgはエストロゲン様EDCsを含む外因性エストロゲンの影響を受けた雄においても血中への誘導が見られる．このことから，雄の血中のVgがエストロゲン様EDCs曝露の評価のための効果的なバイオマーカーとして提案され[1]，信頼度の高い評価法として定着した．この評価法をもとに，河川においてはニジマス雄血中のVgを指標とした調査が英国で実施され[4]，NP，E_1，E_2，EE_2が主な原因物質として特定された[5,6]．またコイを用いた同様の調査が米国[7]や日本[8,9]で行われ，一部の河川の雄魚にVgが検出されている．一方，海域においては河川

ほどの影響は予想されていなかったが,英国の河口域のカレイ科魚類のフラウンダー (Platichthys flesus) を用いた調査において河川に匹敵するエストロゲン様EDCsの影響が報告され[10], また, 東京湾でもマコガレイ雄血中にVgが検出された[11]. 魚食習慣のあるわが国ではこの問題への感心が高く, 沿岸生態系や水産業への悪影響が懸念されたことから, 各地の沿岸での早急な影響調査が求められていた. こうした背景に基づき, 独立行政法人水産総合研究センターは日本の沿岸域, 内湾干潟および内水面を広く調査するために適した魚種を選んで, 雄の血液中のVgを指標としてエストロゲン様EDCsの影響評価を実施した. この章ではその主な結果を紹介する.

エストロゲン様EDCsの影響評価には対象魚のVgの酵素免疫測定系 (ELISA) を作製し, 全国の汚染が予想される水域から採集した対象魚雄の血液中のVg濃度を作製した測定系により測定し, 汚染の実態を評価した. 評価の際の基準としては飼育実験によりエストロゲン様EDCs曝露量あるいは投与量と誘導される血中Vg濃度の関係を明らかにし, この結果を尺度として, 調査水域での内分泌かく乱の状況を判断した. また, 併せて水質分析を行い, 原因物質についても調査を行った. 使用した対象種としては, 都市部を含む全国の沿岸域に分布し, 化学物質の影響を見るのに適したマハゼ (*Acanthogobius flavimanus*) を, 内水面の調査対象種としてウグイ (*Leuciscus* (*Tribolodon*) *hakonensis*) を, また有明海およびその周辺の干潟域の調査対象種としてトビハゼ (*Periophthalmus cantonensis*) を選定した.

1・1 ビテロジェニンによる影響評価法
1) Vg測定系の作製

Vgを測定する方法としてはラジオイムノアッセイ (RIA) やELISAなどが用いられる[12]. 本研究では放射性物質を用いず, 比較的高感度で, 簡便に大量のサンプルが測定可能なELISAを用いた. VgのELISAの開発は以下のように行った. 飼育下において対象魚にE_2を注射し, 血液中に誘導されたVgをハイドロキシアパタイト (Bio Rad社) による吸着クロマトグラフィー, Superose 6 (アマシャムバイオサイエンス社) によるゲル濾過クロマトグラフィー, Mono Q (アマシャムバイオサイエンス社) によるイオン交換クロマトグラフィーの3段階の液体クロマトグラフィーにより精製し, それをウサギに免疫して特異抗血清を作製した. そこから得られた抗体をもとにアビジン・ビオチン結合に

基づいたサンドイッチ法によるELISAを開発した.

マハゼでは測定系開発に先立ち,生化学的および免疫学的に性質の異なる2種類のVgが存在することを明らかにした[13].上記3種の液体クロマトグラフィーに対する反応性や溶出位置の違いから,各Vgを精製したところ,一方は分子量53万のVg(Vg-530)であり,その分子量,脂質含量,リン含量から他魚種で報告されている一般的なVgと考えられた.もう一方のVgは分子量が32万(Vg-320)と小さく,リン含量が低いことから,ティラピア[14]やゼブラフィッシュ[15]で報告された別タイプのVg(Phosvitinless Vg)であることが示唆された.これら2種類のVgに対する特異抗体を作製し,それぞれのELISAを確立した.このELISAの測定範囲はVg-530が1.3〜160 ng/ml,Vg-320が0.3〜66 ng/mlであり(図4・1),野外調査で採集された魚類血清中のVg濃度は,血清サンプルを100倍に希釈で測定した時はVg-530が0.13〜16.0 μg/ml,Vg-320が0.03〜6.6 μg/mlとなった.またVgを誘導していないマハゼ雄血

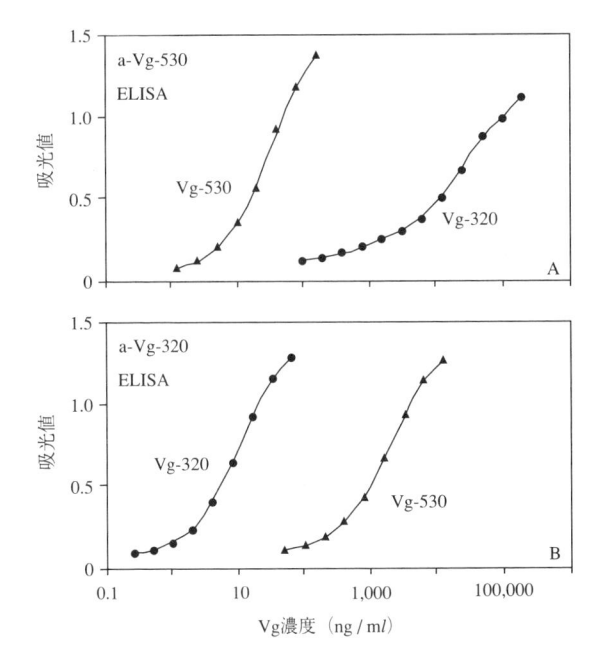

図4・1 マハゼ2種類のVg(A:Vg-530,B:Vg-320)の各ELISA測定系の感度と交差反応性(Ohkubo et al. 2003より引用,一部改変)

清との反応性がないことから，エストロゲン様EDCsの影響により雄に誘導された微量Vgの検出に有効であることが示された．また，ウグイとトビハゼについては，マハゼのVg-530に相当する主要なVgについて同様にELISAを作製した．ウグイVg ELISAの測定範囲は1.5〜200 ng/ml，トビハゼVg ELISAは0.5〜250 ng/mlであった．なお，これら3種の他にシロギス，ボラ，イシガレイ，メイタガレイ，マガレイについてもVg ELISA系の作製を行い，より沖合の水域でのエストロゲン様EDCs調査も可能にした．

2）Vgによる影響評価のための新たな手法

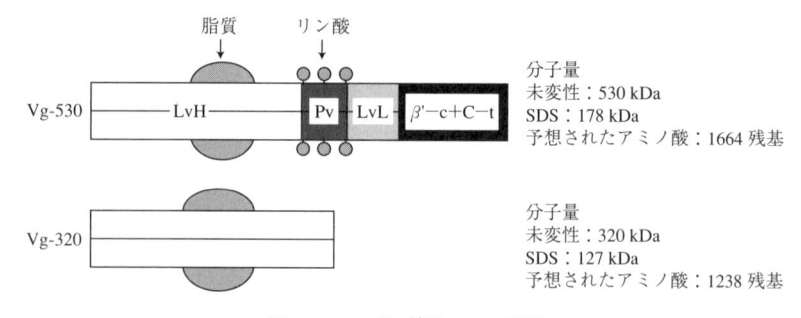

最近，魚類の肝臓でのVg mRNAの発現を指標としてエストロゲン様EDCsの影響を評価する方法も報告されている[16-18]．Vg mRNAの発現を指標とする方法はVgタンパクを指標とする方法に比べ，E_2投与後の応答性が早く，より低濃度で検出できるなどの利点があるが，mRNAが分解されやすく，抽出操作が煩雑という欠点もある．ただし微量の肝臓片があれば測定可能なため，血清の採取が難しい小型魚を用いる場合には有用である．マハゼで見いだされた2種類のVgの一次構造を明らかにするとともに，肝臓でのVg遺伝子発現を検出するためのプライマーを設計するため，それぞれのcDNA配列解析を行った[19]．マハゼ肝臓cDNAライブラリーからクローニングしたVg cDNAは，Vg-530ではシグナルペプチドを含む1,664のアミノ酸を，Vg-320は1,238のアミノ酸をコードしていた．演繹されたVg-530のアミノ酸配列はN-末端からリポビテリン重鎖（LvH），ホスビチン（Pv），リポビテリン軽鎖（LvL），ベータ成分（β'-c）およびC末端成分（C-t）という一般的な構造をもち（図4・2上），他の魚種のVgと40〜45％の相同性をもっていた．一方，Vg-320のアミノ酸配列は，セリンの連続配列に特徴付けられるPv部分がないことに加え，LvL

図4・2 マハゼ2種類のVgの構造

以降の配列が短い特異な配列であり，ゼブラフィッシュで報告されたPvが欠損したVg (Pvless Vg)[15]に類似した（図4·2下）．

また，マハゼでは併せて肝培養系を確立した[20]．この培養系では培地中にE$_2$を10 nM（約2 μg/L）添加して7日間培養することで，培地中の2種類のVgを前記のELISAにより安定的に検出することができる．この培養系と肝臓での2種類のVg mRNA検出を組み合わせれば，将来，エストロゲン様EDCsとしての作用が懸念される化学物質のスクリーニングや環境水から抽出したエストロゲン様EDCsの作用強度をより簡便に評価することが可能となると考える．種々のエストロゲン様EDCsに対するエストロゲン受容体の結合能が，現在スクリーニングなどに用いられている哺乳類の受容体と魚類の受容体では異なる可能性があるため，魚類に対する影響評価には魚類の系を用いた調査，実験を実施する必要があろう．

3）エストロゲン様EDCs投与および曝露量と血中Vg濃度の関係
マハゼについて

2種類のVg合成のエストロゲンによる応答性を知るため，マハゼ雄にE$_2$を0，0.1，1，10，25，100，1,000 μg/kgの濃度で注射（図4·3A），あるいは0，1，10，100，1,000 ng/Lの濃度で曝露し（図4·3B），各Vgの血中濃度をELISAにより測定した[13]．両Vgはともに筋肉注射では25 μg/kgを3回，曝露では10 ng/Lを3週間行うことで誘導が認められ，それ以上の濃度では血中のVg濃度はE$_2$濃度に依存して有意に増加した．また両Vgの血中での濃度比は，Vg

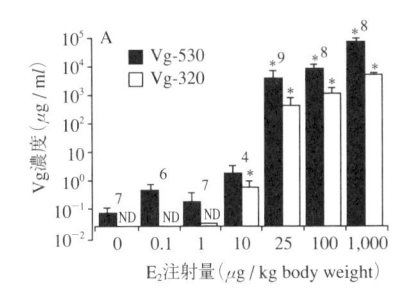

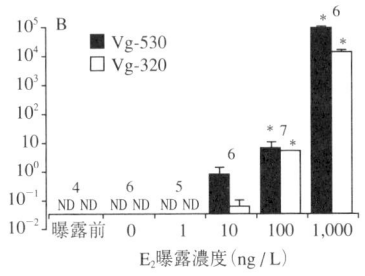

図4·3 異なるE$_2$注射量（A）および曝露濃度（B）における血中の2種類のVg濃度
（平均±SE, Ohkubo et al. 2003aより引用，一部改変）
グラフ上の数字は各区の個体数を表し，*は対象区との有意差（$p < 0.05$）を示す．NDは検出限界（100 ng/ml）以下を示す．E$_2$注射については各濃度のE$_2$を3日ごとに3回注射した．曝露濃度については実験区の設定値を示した．実測値は表4·1参照．

濃度が低い場合には差は少ないが，濃度が上がるにつれVg-530濃度がVg-320に比べ10倍程度高くなった．

一方，天然のマハゼ雌の生殖腺の発達に伴う血中E_2濃度と2種類のVg濃度の変化について調べた結果，卵巣が発達し，E_2濃度が上昇するに従って2種類のVgともに濃度が上昇し，卵巣の組織学的な観察結果とよく一致した．しかし，卵黄形成初期の雌血中E_2濃度は約400 pg/mlであり，E_2を3週間曝露した際の飼育水の最低有効濃度10 ng/L（10 pg/ml）より著しく高かった．この差を解明するため，曝露を受けた雄の血中E_2濃度を測定したところ，100 ng/L曝露で1.95 ng/ml，1,000 ng/L曝露で1.72 ng/mlと約2〜20倍高い濃度であった（表4・1）．すなわち，この濃縮作用により低濃度の曝露においてもVg合成が誘導されることが示唆された．

表4・1　飼育水中および3週間曝露後の雄マハゼにおける血清中の曝露物質濃度（平均値±SE，Ohkubo *et al.* 2003bより引用，一部改変）

水中設定濃度	水中実測濃度	血清中濃度	曝露魚数
E_2 (ng/L)	(ng/L)	(pg/ml)	
0	n.d.	182±23	13
1	1.2±0.2	170±17	11
10	10.5±0.7	326±30	11
100	80.7±5.7	1,951±493	6
1000	606±96	1,720±103	9
E_1 (ng/L)	(ng/L)	(ng/ml)	
0	n.d.	1.55	8
20	26.9±16.8	2.52	9
200	441±136	7.51	5
2000	2,409±561	55.95	7
BPA (μg/L)	(μg/L)	(ng/ml)	
0	n.d.	35.0	9
5	2.2±1.0	87.0	7
25	23.3±2.7	603.0	9
50	51.0±5.9	458.8	12
100	133.7±15.2	1,074.4	8
NP (μg/L)	(μg/L)	(ng/ml)	
0	n.d.	264.8	9
5	2.9	732.5	10
25	12.9	5,935.0	9
50	19.0	8,182.8	8
100	84.1±31.2	15,627.2	7

n.d.：検出限界以下

さらに環境水中で主に検出されるE₂以外のエストロゲン様EDCsであるE₁(設定値0, 20, 200, 2,000 ng / L), NP (設定値0, 5, 25, 50, 100 μg / L), BPA (設定値0, 5, 25, 50, 100 μg / L) について曝露実験を行い (図4・4), 海水中の濃度とマハゼ雄に誘導される2種類のVg濃度との関係を明らかにした[21]. その結果, E_1は20 ng / Lから両Vg濃度の有意な上昇が見られ, NPは25 μg / LからVg-320の濃度が上昇し, 50 μg / Lから両Vg濃度の有意な上昇が見られた. 一方, BPAでは100 μg / LでもVgは誘導されなかった. また曝露試験終了後, 曝露したエストロゲン様EDCsの血中濃度を測定したところ, E_1は最大で環境水の約20倍 (2,000 ng / L曝露区), BPAは約25倍 (25 μg / L曝露区), NPは約450倍 (25 μg / L曝露区) にまで高まっていた (表4・1). このように, 先のE₂以外のエストロゲン様EDCsについても血中への濃縮が起こることでVg合成を誘導すると考えられた.

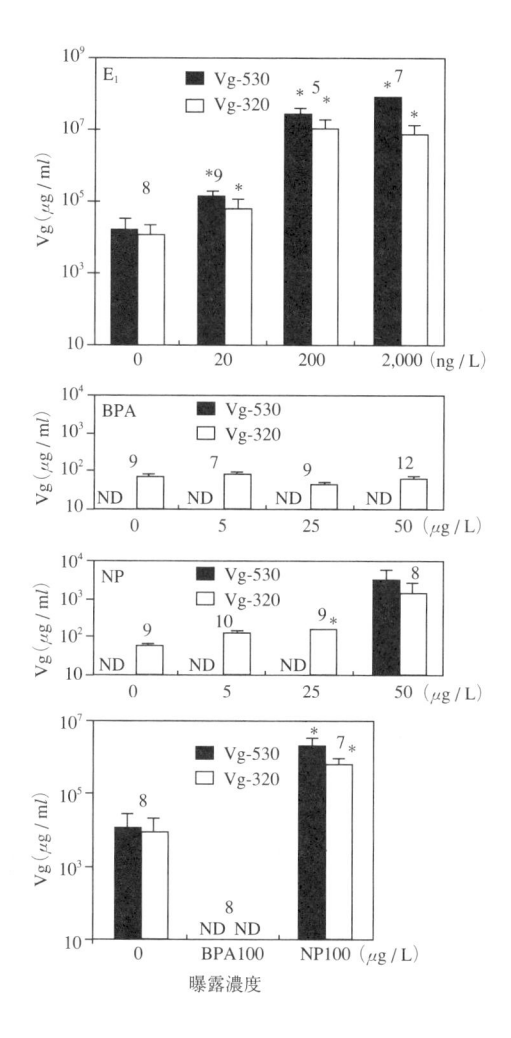

図4・4 E_1, BPAおよびNP曝露後の雄の2種類のVg濃度 (平均±SE, Ohkubo et al. 2003bより引用, 一部改変)
グラフ上の数字は各区の個体数を表し, *は対象区との有意差 ($p < 0.05$) を示す. NDは検出限界 (100 ng / ml) 以下を示す. 各グラフ下の数字はそれぞれの実験区の設定値を示した. 実測値は表4・1参照.

ウグイについて

ウグイVgのエストロゲン応答性を知るため，雄にE$_2$を0, 0.1, 1, 10, 25, 100, 1,000 μg / kgの濃度で3回，筋肉中に注射し，Vg血中濃度をELISAにより測定した．この結果，ウグイでは10 μg / kg注射群からほぼすべての個体で血中にVgが検出され，それより高濃度のE$_2$注射群ではE$_2$濃度に依存してVg濃度は高くなった．また同じ25 μg / kgのE$_2$を3回注射した試験区で比較した場合，ウグイではマハゼよりVg濃度が高くなったことから，魚種によりVg産生量に差があることが示された．

1・2 沿岸域の影響実態の評価
1）マハゼを用いた全国調査

1998～2002年の8～10月（マハゼの未成熟期）に全国の汚染が予想される都市沿岸域を対象にマハゼを採集し，その雄魚の血清を採取してELISAにより2種類のVg濃度を測定した[21]．採集地は都市沿岸として函館（北海道），塩竈，松島（宮城），新潟，柏崎（新潟），東京湾（東京），名古屋（愛知），三河湾（愛知）および伊勢湾（三重），大阪湾（大阪および兵庫），明石（兵庫），博多（福岡），長崎の各地から，また対象海域として人口密集地から離れた上磯（北海道），佐渡（新潟），多以良（長崎）から採集した（図4・5）．なお，佐渡では12月に採集を行った．また，2000年のマハゼ採集時に併せて上磯，東京湾（隅田川，荒川，多摩川の各河口），大阪湾（淀川および大和川河口）で環境水を採水し，主要なエストロゲン様EDCsと考えられるNPとE$_2$濃度をガスクロマトグラフィー質量分析法で測定した．

対象水域の上磯，佐渡，多以良で採集したマハゼ雄では両Vgともにほとんど検出されず，また函館，塩竈，松島，新潟，柏崎，明石，博多でも同様にほとんどVgは検出されなかった．一方，大都市近郊の閉鎖性の高い湾ではVgが検出される割合が高く（最大で43％），また濃度も高い個体（最高6.0 μg / ml）が見られた地点があった．なお，同じ海域で複数年にわたってVg検出率を調査した場合，年により検出率が大きく変動した．水質調査では対象水域の上磯ではNP，E$_2$ともに測定限界以下だった．東京湾でのNPは100～2,000ng / L，E$_2$は0.5～0.9ng / L，大阪湾ではNPはほとんど検出されず，E$_2$は0.4ng / L程度であった．

曝露実験で得られた水中E$_2$濃度と血中Vg濃度の関係に基づき，全国調査で

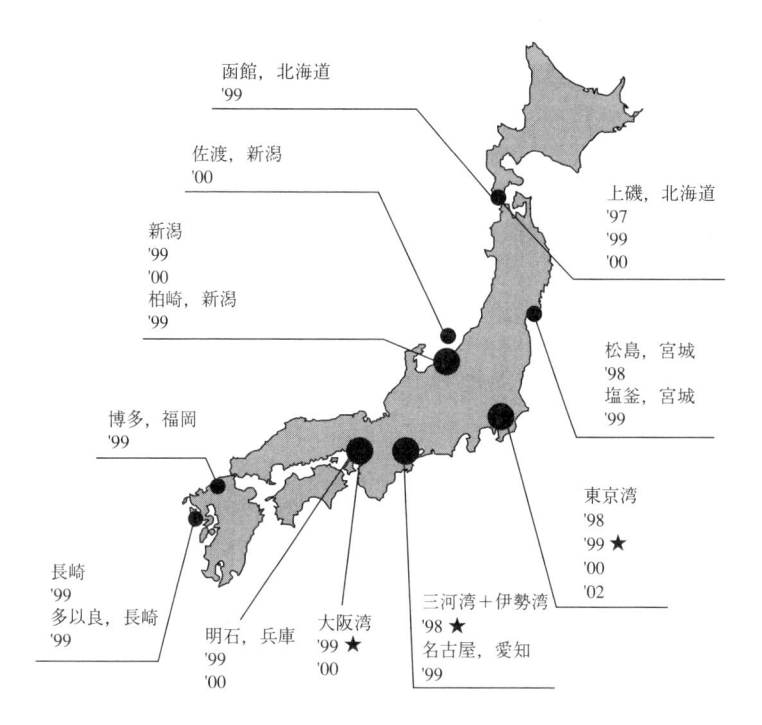

4. ビテロジェニンによる影響評価　73

図4·5　日本全国のマハゼ雄採集地点および採集年（Ohkubo et al. 2003bより引用，一部改変）
★血中のVg検出率が10 ng / LのE₂曝露と同程度と評価された地点・年

のVgの検出結果をとりまとめたところ，大都市沿岸の調査地点の一部で水槽内で10 ng / LのE₂を曝露した際と同程度のVgが天然魚から検出され，エストロゲン様EDCsの影響が示唆されたが（図4·5），精巣の組織学的観察では異常は認められなかった．ただし，今回検出されたエストロゲン活性よりやや高い20 ng / LのE₂添加水で飼育した性分化期のアマゴでは一部の個体に精巣卵が生じている[22]．したがって，感受性の高い魚種では現在のエストロゲン様EDCs濃度であっても生殖腺への影響が出る濃度に近い可能性もある．一方，水中のE₂とNPは，それぞれ単独でVgを誘導する濃度には到っておらず，検出されたエストロゲン活性はE₂, E₁, NPなどの複合作用によるものと考えられた．なお，環境水中の物質濃度は降雨による増水などの自然条件により劇的に変化する可能性があり，採水回数の少ない水質データのみでその場の環境の指標とするに

は危険がある．その場に生息する生物への影響を見る必要性は高い．

2) 北海道内調査

北海道内でのエストロゲン様EDCsの影響実態を評価するため，9水域でウグイおよびマハゼを採集し，雄魚血中のVg濃度を測定した（図4・6）．調査水域は，これまでに人為的汚染の影響がほとんどないと考えられる水域（対象水域）としてマハゼは上磯港，ウグイは鳥崎川および庶路川を，都市周辺として石狩川，小樽港，函館港，苫小牧港，および釧路港を，また小規模な都市として厚岸港を調査した．また小樽港，上磯港，苫小牧港，釧路港，厚岸港において魚類採集と併せて海水中の主要なエストロゲン様EDCs 9種（オクチルフェノール，NP，BPA，フタル酸ジ-n-ブチル，フタル酸ジ-2-エチルヘキシル，E_1，E_2，エストリオール，EE_2）の濃度を測定した．なお指標種としては，マハゼが分布する海域ではマハゼを採集し，それ以外ではウグイを使用した．雄魚のVg陽性の判断基準は魚種によって異なる．人為的影響がほとんど見られない水域でも，ウグイ雄では成熟期には若干Vgが検出されたことから，Vg濃度$10\,\mu g/ml$以上を陽性とした．各都市部の検出率は過去の全国の主要都市での調査[21]と比べて低く，水槽内で$10\,ng/L$のE_2を曝露した際のVg濃度よりも低かった．また水質分析では一部の都市でNP（検出限界以下；ND～$90\,ng/L$），

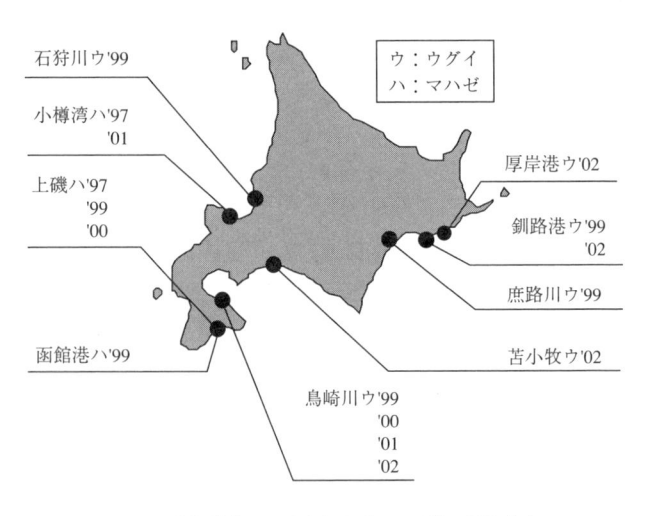

図4・6　北海道内のウグイおよびマハゼ雄の採集地点

BPA（ND～20 ng / L），E_2（ND～0.5 ng / L），およびE_1（ND～1.4 ng / L）が検出されたが，いずれも単独でマハゼにVgを誘導する濃度ではなかった．これらの結果，北海道内ではエストロゲン様EDCsの影響はE_2曝露量10 ng / L未満に相当し，顕著な影響は認められていない．

　以上，沿岸域の野外調査では，大都市沿岸でエストロゲン様EDCsの影響が見られたが，その影響は最大でも水槽内で10 ng / LのE_2を曝露した際と同程度であり，生殖腺の異常は観察されなかった．ただし，同じ海域で複数年にわたって調査した場合，年によりVg検出率が変動したことから，今後の社会情勢の変化などにより変動することが予想され，将来にわたり継続的な影響調査を行うことが必要である．

（大久保信幸・持田和彦・松原孝博）

§2. 内水面における影響実態

2・1　生殖関連形質の変化

　魚類の生殖関連形質を指標としてエストロゲン様EDCsの影響実態（異常な状態）を把握するためには，まず，調査対象魚種を選定し，その対象魚種の正常値を把握しておく必要がある．対象魚は日本全国の内水面に広く分布する魚種が好ましく，コイ，ウグイなどがその条件を充たしている．コイについては，既に環境省や国土交通省による対象魚として調査が進められている．しかしながら，これらの魚のVgあるいは性ステロイドホルモンの血中量変動など繁殖特性に関する知見は乏しく，これまで異常であるか否かを判断する基準がなかった．そこで，これら2魚種の繁殖特性を明らかにして基準となる正常値を知るため，長野県上田市にある中央水産研究所内水面利用部（現内水面研究部）において，河川水を導入した飼育池にて養成された魚を使って，血中VgおよびE_2の周年変化を調べた．上田市付近の千曲川河川水温は4月末におよそ12～13℃に，5月末におよそ18～20℃になり，ウグイの産卵期は4月末から5月初旬に，コイの産卵期は5月末から6月初旬に始まる．

　1）コ　イ
　　コイの生態
　コイは日本全国に分布し，古くから養殖されてきた魚である．鯉のぼりに象徴されるように日本人にとってはとてもなじみ深い温水性の淡水魚である．湖

76　Ⅲ．水産生物に対する影響実態と評価

沼などの止水域および河川の中・下流域に生息し，河川上流の渓流域にはほとんど生息しない．暖かな水を好み，水温8℃以下になると活動を停止し，深い淀みに多数集まって越冬する．特に貝類を好むが，雑食性の魚であり底泥中の底生動物や付着藻類，水草など何でも食することから底質の影響も受けやすい魚である．産卵は春，水温が18〜20℃になる頃始まる．1年で10〜15 cm，2年で18〜25 cm，3年で25〜35 cmに成長し，雄は2年，雌は3年で成熟する．淡水魚の中では極めて寿命が長く，20年以上産卵を続け，50年以上生きることがあるという．しかしながら，実際に何歳から産卵に参加し，何歳まで正常に成熟・産卵するのかなど，身近な魚の割に不明な点も多い．正常な繁殖年齢

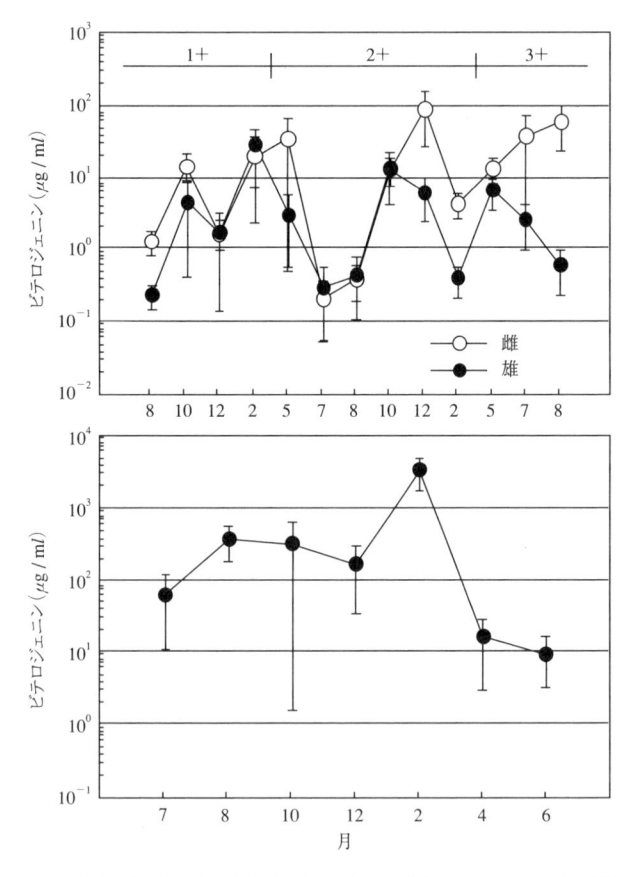

図4・7　コイ未熟魚（上）および成魚雄（下）の血中ビテロジェニン量の周年変化

が不明なことから，実態調査に当たってはどの程度の大きさ（何歳）の魚を採捕するかが問題となろう．

コイの生殖形質の変化

千曲川河川水が導入されたコンクリート池において，市販の養鯉用飼料を与えて養成されたヤマトゴイを用い，満1歳から3歳（約100 g～1 kg）の初めでの成長過程にある魚と，繁殖の最盛期である満6～7歳（約2～4 kg）の魚を定期的にサンプリングした．成長・成熟過程における性ステロイドホルモン量の変化の詳細については既報[23]を参照されたい．Vgは未熟期の雌雄においてもある程度の発現が見られ，E_2の変化に同調して夏に低く夏季から春にかけて高いという周期性が見られた（図4・7上）．雄成魚の血中Vgは産卵期から産卵期後の夏までは低く，秋から上昇して100 μg/ml以上の高値を見せる個体も現れた（図4・7下）．

2）ウグイ

ウグイの生態

ウグイは琉球列島以外，ほぼ日本全国の湖沼や河川の上流から下流まで，地方によっては汽水域まで非常に広く分布している．ウグイは典型的な雑食性であり，水生昆虫，落下昆虫，付着藻類のほか，魚の死骸なども食べる．産卵開始はコイより若干早く，河川水温が12～13℃に達する春に始まり，20℃を超える頃終了する．1年で5～10 cm，2年で10～15 cmに成長し，雄は2年，雌は3年で成熟するといわれる．産卵期には河川の瀬に集まるが，産卵期以外には河川では主に淵に棲む．特に冬には，大きく深い淵に集まっている．体サイズは手頃で，容易に採捕できることから，実態調査に適した魚である．

ウグイの生殖形質の変化

千曲川河川水が導入されたコンクリート池において，市販の養鯉用飼料を与えて養成された満3歳以上のウグイを材料とした．千曲川中流域では，ウグイは晩秋から成熟を開始し，5月から6月にかけ産卵する．産卵後，雌雄とも血中E_2量は低下して晩秋まで非常に低値で推移したが，12月になると生殖腺体指数（GSI）の上昇とともに徐々に増加し始め，冬季から産卵期まで高値となった（図4・8）．雌の血中Vg量はE_2の挙動と同調して1～数mg/mlの間で変化した．雄においても血中に数μg/mlのVgが検出されたが，年周性は顕著ではなく，E_2の変化との関係は不明瞭であった．しかし，産卵期後の8月にはVg量は2 μg/ml未満と非常に低レベルであった（図4・8）．

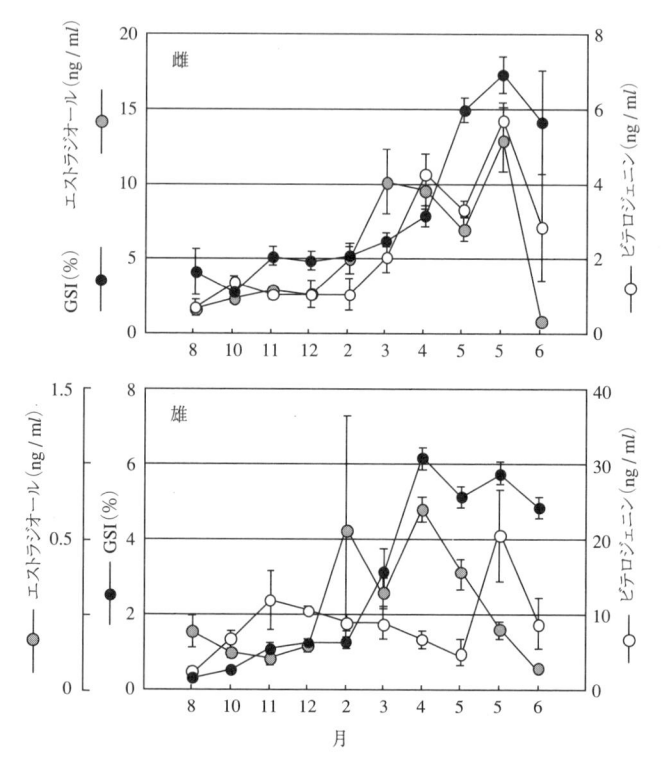

図4·8 ウグイ雌（上）および雄（下）の生殖関連形質の周年変化
5月は産卵期前であり，生殖関連形質の変動が激しいため，上旬と下旬の2回採集した．

3）調査に際しての留意点

飼育条件下におけるコイとウグイでは，雄においてもVgの発現が見られ，それらには産卵期後の夏に低く，成熟が始まる秋から高くなる周期性が認められた．このことは，Vgをバイオマーカーとして利用する場合にその発現量と採集時期を考慮する必要があることを示している．ただし，ここで見られた値は国土交通省などの調査で観察された天然河川におけるコイのVg量と比べると顕著に高いことから，飼育魚と天然魚を直接比較すべきではないかもしれない．飼育魚の場合，養魚飼料や密度などの飼育条件がVgの発現に影響している可能性が考えられる．しかしながら，雄においてもVgの合成を促すE_2が血中に存在し，それが成熟に同調した変化を見せたことは，これが雄のVg発現に関与しているとの考えを否定することはできない．例えば，今回観察したよ

うな春産卵型の淡水魚を用いる調査では，成熟の休止期に当たる8〜10月に採捕して血中量を検討すべきであると考えられる．発現量に関しては，高レベルのVgを発現している雄であっても生殖腺に異常な像は全く観察されなかったことから，現在までの知見からは血中Vg量がコイでは$100\mu g/ml$，ウグイでは$10\mu g/ml$程度までは繁殖に影響ないと考えられる．

2・2　内水面の影響実態

実態調査では，長野県の上田市から佐久市にかけての千曲川本・支流10ヶ所に定点を設け，産卵期後の8月から9月にかけて釣り，あるいは電気ショッカーを用いてウグイを採捕した．本流の3定点（A，B，C）は汚水処理排水の流入域近傍であり，本流Dは上流側数km以内に汚水あるいは下水処理場のない場所である．支流1は上田市より10 km程上流で千曲川に注ぐ，山間部を流れる川であり，流域の人口はそれほど多くない．支流2は千曲川の左岸側の上田市内を流れる川であり，流域には農地が多い．支流2の定点Cには上田市の下水処理排水が流れ込んでいる．支流3は千曲川の右岸側の上田市内を流れる川であり，上流域には農地が多く，下流は人口密集地帯を流れている．この支流では人口の最も密集している地点に定点Bを設けた．採捕個体の血液中VgおよびE_2を測定し，生殖腺は組織標本にして組織に異常が見られるか否かを観察した．また，下水処理場下流および千曲川本流において，河川水中に含まれる内分泌かく乱作用を有すると考えられている化学物質（OP，NP，BPA，DEHP，DBP，17α-エストラジオール，E_1，E_2，E_3，EE_2，アラクロール，シマジン，マラチオン，カルバリル，ペルメトリン）の量を測定した．

調査の結果，汚・下水処理場付近および人口が密集する市街地において採集された雄の血中Vgは，他の定点で採集された雄のそれと比べ約20倍程度高く出現していた（図4・9）．このような現象は，人口密集地や汚・下水処理施設付近の河川水中には，Vg合成を促す女性ホルモン様活性を有する化学物質が他の地点より高濃度に存在する可能性を示している．しかしながら，比較的高レベルのVgが検出された個体においても生殖腺に形態異常が観察されることはなかった．水質調査の結果，千曲川河川水から農薬類を検出することはできなかったが，下水処理場下流の河川水からは，BPAのほか，天然女性ホルモンであるE_2およびE_1，経口避妊薬の成分である合成ステロイドのEE_2などが微量ながら検出された（表4・2）．この実態調査から，千曲川中流域では一部，

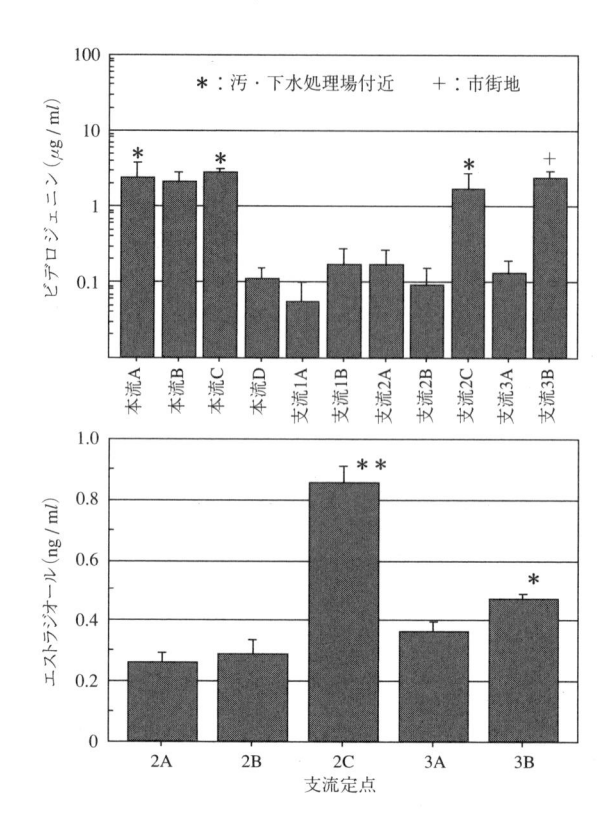

80　Ⅲ．水産生物に対する影響実態と評価

図4・9　河川におけるウグイ雄の血中ビテロジェニン量（上）および血中17β-エストラジオール量（下）

表4・2　対照場所および下水処理場直下の千曲川で採取された河川水の分析結果

検体名	OP	NP	BPA	DBP	DEHP	E_2	$17\alpha\text{-}E_2$	E_3	E_1	EE_2
単位	μg/L	μg/L	μg/L	μg/L	μg/L	ng/L	ng/L	ng/L	ng/L	ng/L
検出限界	0.01	0.05	0.01	0.5	0.5	0.1	0.1	1	0.2	0.1
千曲川	−	−	0.01	−	−	−	−	−	0.3	−
処理場A	−	−	0.04	−	−	2.8	0.3	−	50	1.2
処理場B	0.02	−	−	−	−	1.3	−	−	44	−

OP：4-t-オクチルフェノール，NP：ノニルフェノール，BPA：ビスフェノールA，DBP：フタル酸ジ-n-ブチル，DEHP：フタル酸-2-エチルヘキシル，E_2：17β-エストラジオール，$17\alpha\text{-}E_2$：17α-エストラジオール，E_3：エストリオール，E_1：エストロン，EE_2：エチニルエストラジオール

軽度のエストロゲン様EDCs汚染の兆候が見られるが,その程度はまだウグイの繁殖を阻害するほどではないと考えられた.

このように,天然に存在する魚の調査から,千曲川のような大都市を流域にもたないような河川であっても,軽度の汚染があることが確認された.その汚染の程度はまだ,ウグイの繁殖を脅かすようなレベルでなかったことは幸いであった.しかしながら,淡水域にエストロゲン様EDCsが存在することは明らかであり,注意が必要なことはいうまでもない.今後,化学物質に対して何の対策も講じられない場合,汚染の進行や汚染物質の複合作用により野外個体群にも影響が現れる可能性がある.相対的に個体数の少ない淡水魚は,僅かなインパクトにより容易に絶滅に向かう集団である.今後とも十分な監視を続けることが必要であろう.

(伊藤文成・坂野博之)

§3. 内湾干潟域における影響実態

3・1 トビハゼにおけるビテロジェニン濃度の季節的変動

有明海の奥部には広大な泥干潟が形成され,ムツゴロウやワラスボなどの有明海固有種を含む多様な生物が生息する[24,25].また,本海域は閉鎖性が強く,都市や工業地帯および農耕地帯など変化に富んだ後背地から河川水が流入しており,陸域の影響を受けやすいと考えられる.本調査では,有明海の奥部に生息する魚類の中から,栄養段階の高さ,分布域の広さ,定住性の高さ,雌雄判別および採集の容易さを選定基準とし,これらの条件を満たしたトビハゼ *Periophthalmus modestus* を調査対象魚とした.

これまで,魚類の雄はVgを合成しないと考えられてきた.しかし,ELISAなどの分析手法の発達により検出感度が向上し,魚類の雄からも微量のVgが検出され,魚種により雄の一般的な血中Vg濃度が異なることが明らかになってきた[26,27].このため,有明海に生息するトビハゼの内分泌かく乱物質の影響を評価する前に,トビハゼにおける標準的な血中Vg濃度の季節的変動を把握することが重要になった.本調査では初めに,内分泌かく乱物質の影響がないと考えられる河口域で体長5〜7 cmのトビハゼを定期採集し,生殖腺の発達度合いを示すGSIと血中Vg濃度の季節的変動を調査した.

有明海において上流域に都市や工業地帯が見られず,GC-MSにより底泥に

おいて内分泌かく乱物質（OP, NP, BPA, DBP, DEHP, E_1, E_2, E_3, 17α-E_2, EE_2）の異常値が認められなかった本庄江の河口域を調査点とした．1999年6月から2000年6月まで月に1回トビハゼを採集し，体重および生殖腺重量を測定しGSIの値を算出した．また，尾柄部より採取した血液を遠心により血漿に分離し，この血中Vg濃度をトビハゼのVgに対する特異抗体を用いたELISAにより測定した．この結果，雌の血中Vg濃度は周年で10～10,000 μg/mlと大きく変動し，GSIの値が上昇した6～8月には6,000～10,000 μg/ml，GSIの値が低下した9～11月には100 μg/ml以下の値を示した（図4・10）．6～8月にGSIの値と血中Vg濃度が上昇していることから，この時期に雌の体内では卵黄形成のためのVgを活発に生産していたことが明らかになった．また，雄の血中からは10～20 μg/mlのレベルでVgが周年にわたり検出されたが，GSIの季節的変動との間には明瞭な関係は認められなかった．GC-MSにより底泥からは内分泌かく乱物質の異常値は認められておらず，雄から検出された

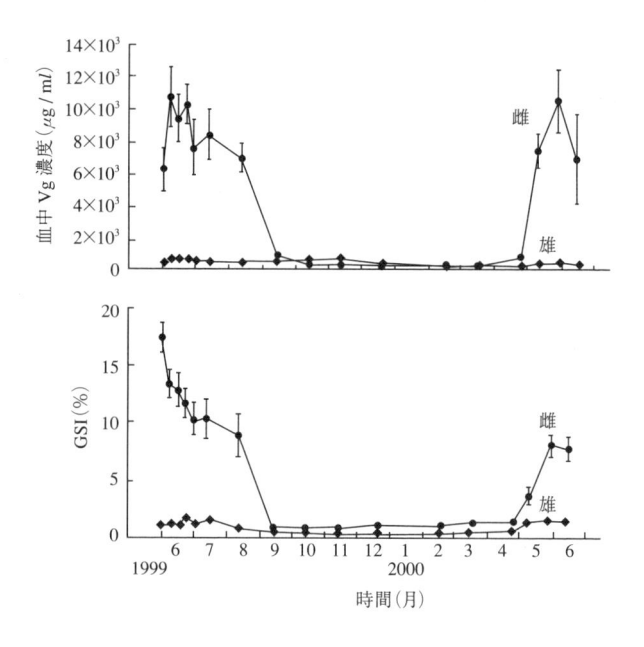

図4・10　本庄江河口域で採集されたトビハゼの血中Vg濃度とGSIの季節的変動
　　　　平均値±標準誤差

血中Vg濃度は正常値であると考えられた．本調査によりトビハゼについて内分泌かく乱物質の影響評価を行うための指標値が得られた．

3・2　影響実態の把握
1）有明海周辺の影響実態調査
　先の調査結果を基に，有明海に生息するトビハゼへの内分泌かく乱物質の影響実態を広域的に調査した．有明海の長崎県高来町水ノ浦，佐賀県鹿島市浜川，同佐賀市本庄江，福岡県高田町楠田川，同大牟田市堂面川，同大牟田川，熊本県横島町唐人川の各河口域に調査点を設けた（図4・11）．2002年4月から同年11月まで月に1回各調査点においてトビハゼの雄を採集し，血中Vg濃度をELISAにより測定し比較した．また，採集個体の生殖腺組織切片を作製し，光

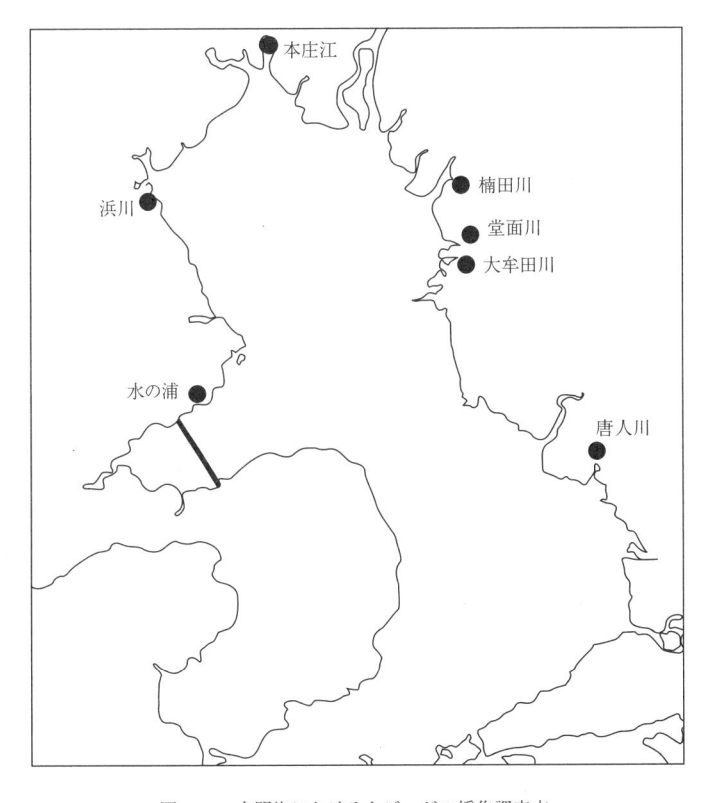

図4・11　有明海におけるトビハゼの採集調査点

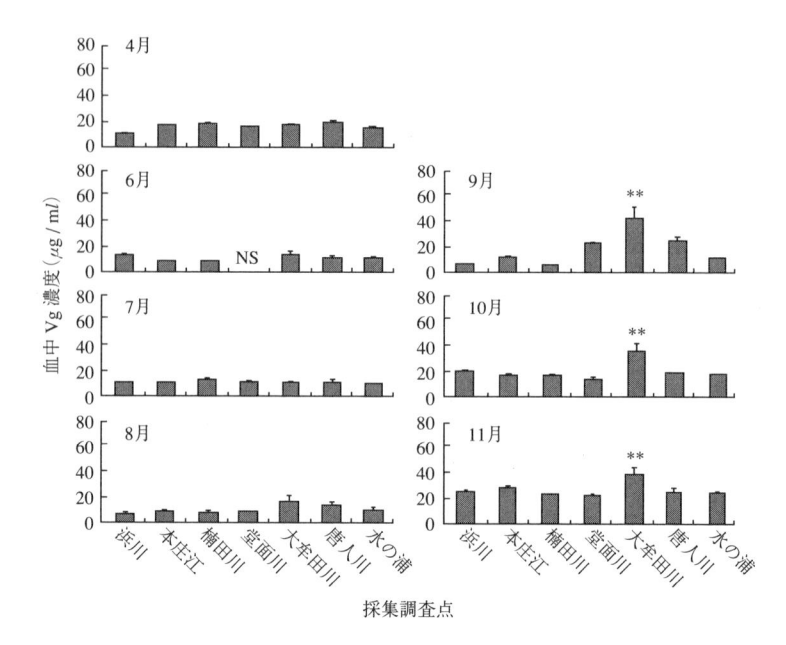

84　Ⅲ．水産生物に対する影響実態と評価

図4・12　有明海の各調査点から採集されたトビハゼ雄の血中Vg濃度の比較
平均値±標準誤差，**：$p \leq 0.01$，NS：分析試料なし

学顕微鏡観察して生殖腺異常の有無を判定した．

　雄の血中Vg濃度は，4～8月はすべての調査点において10～20 μg/mlの値で推移し，各調査点において有意差は認められなかった（図4・12）．その後，9～11月には大牟田川河口域の雄で約40 μg/mlと他の調査点よりも有意に高い値が観察された．しかし，生殖腺組織観察からは測定に用いたすべての個体において精巣卵などの異常個体は認められなかった．これらの結果は，大牟田川河口域に生息するトビハゼに内分泌かく乱物質の影響が示唆されるものの，その程度は既に報告されているカレイ類[11, 28, 29]，コノシロ[30]およびコイ[8]の事例と比較して軽微と考えられた．

2）曝露試験による影響実態の検討

　大牟田川河口域に生息するトビハゼへの内分泌かく乱物質の影響実態を明らかにするため，本河口域から採取した環境水および底泥を用いて曝露試験を行った．また，対照区には内分泌かく乱物質を除去するため活性炭処理した海水，内分泌かく乱物質の影響がないと考えられた本庄江河口域の環境水および底泥

を用いた．供試魚には7月に本庄江で採集した体長約6 cmの雄を用い，活性炭処理した海水に1週間馴致し，一部について血中Vg濃度に異常がないことを確認した．

　環境水を用いた曝露試験は，試験区として大牟田川区，対照区として本庄江区および活性炭処理区を設けた．各区に対してガラス水槽（容量2,000 ml）を3～4個用意し，1つの水槽に環境水あるいは活性炭処理海水を250 ml満たし7尾を収容した．また，1日に1回試験に用いる海水を交換し，21日間飼育した．試験開始前，試験7日目，14日目および21日目に各区より4～7尾取り上げ，ELISAにより血中Vg濃度を測定した．

　底泥を用いた曝露試験は，試験区として大牟田川区，対照区として本庄江区および活性炭処理区を設けた．各区に対してコンテナ（51×38×27cm）を3個用意し，1つのコンテナに容積の約3分の2となるように底泥を満たし，7尾を収容し網で蓋をして28日間飼育した．但し，活性炭処理区は環境水による曝露試験と同じ方法で飼育した．試験開始前，試験14日目および28日目に各容器から7尾を取り上げ，ELISAにより血中Vg濃度を測定した．

　これらの結果，環境水を用いた曝露試験ではいずれの雄も血中Vg濃度が約20 μg/mlを示し，各区に有意差は認められなかった（図4・13）．一方，底泥を用いた曝露試験では，大牟田川区の雄で約2,000 μg/mlと，本庄江区および活性炭処理区の約100倍を示した（図4・14）．また，この値は秋季に大牟田川河口域で採集した雄の約50倍であった．天然のトビハゼは日中，護岸壁や

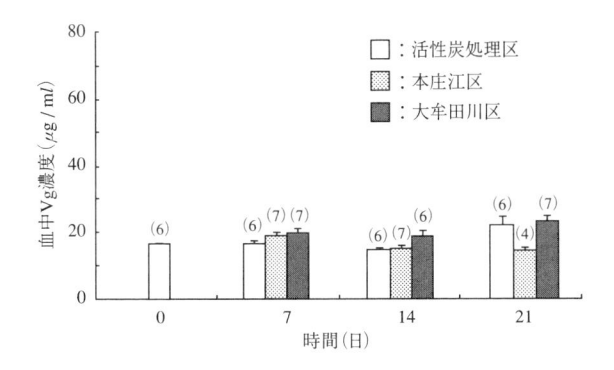

図4・13　本庄江および大牟田川の河口域で採水した環境水で飼育した
　　　　　トビハゼ雄の血中Vg濃度の推移
　　　　　平均値±標準誤差，（　）内の数字は分析個体数

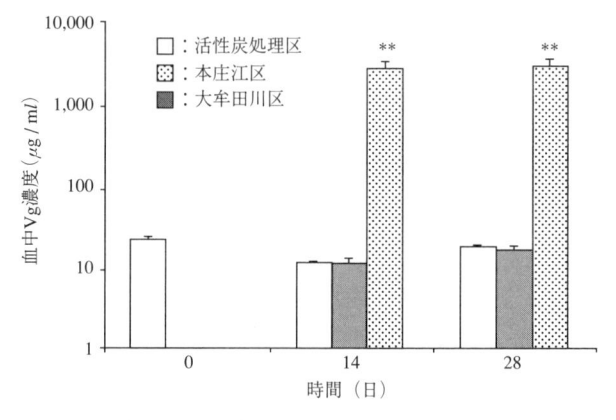

図4・14 本庄江および大牟田川の河口域で採取した底泥で飼育した
トビハゼの血中Vg濃度の推移
平均値±標準誤差，n = 7，** : $p \leq 0.01$

岸に点在する岩の上で過ごすことが多く，常時底泥に接していない．一方，曝露試験ではコンテナの口を網で蓋をし，底泥に常時接するようにして飼育した．この違いがトビハゼの血中Vg濃度を高度に上昇させた一因であると推察された．

以上の結果は，大牟田川河口域に生息するトビハゼが底泥を介して内分泌かく乱物質の影響を受けていることを強く示唆する．今後，本河口域において原因物質の究明および他の魚種への影響実態について調査を進める必要がある．

（圦本達也・征矢野清・渡辺康憲）

文　献

1) Sumpter J. P. and Jobling S.（1995）: *Environ. Health Perspect.*, **103**, Suppl 7, 173-178.
2) Jobling S. *et al.*（1998）: *Environ. Sci. Technol.*, **32**, 2498-2506.
3) Wallace R. A.（1985）: *Developmental Biology*. Plenum, New York. pp.127-177.
4) Purdom C. E. *et al.*（1994）: *Chemistry and Ecology*, **8**, 275-285.
5) Harries J. E. *et al.*（1997）: *Environ. Toxicol. Chem.*, **16**, 534-542.
6) Desbrow C. *et al.*（1998）: *Environ. Sci. Tech.*, **32**, 1549-1558.
7) Goodbred S. L. *et al.*（1997）: *U.S. Geological Survey Report*, California. pp.1-47.
8) 中村　將，井口泰泉（1998）:科学, **68**, 515-517.
9) 建設省河川局・建設省都市局下水道部（1999）:平成11年度水環境における内分泌攪乱化学物質に関する実態調査結果, pp.11-13.
10) Matthiessen P. *et al.*（1998）: *Science Series Technical Report*, CEFAS, Lowestoft, **107**, 5-48.

11) Hashimoto S. *et al.* (2000): *Mar. Environ. Res.*, **49**, 37-53.
12) Specker J. L. and Sullivan C. V. (1994): *Perspectives in Comparative Endocrinology.* Natl. Rsch. Council CN, Ottawa. 1994; pp. 304-315.
13) Ohkubo N. *et al.* (2003a): *Gen. Comp. Endocrinol.*, **131**, 353-364.
14) Kishida M. and Specker J. L. (1993): *Fish Physiol. Biochem.*, **12**, 171-182.
15) Wang H. *et al.* (2000): *Gene*, **256**, 303-310.
16) Lech J. J. *et al.* (1996): *Fundam. Appl. Toxicol.*, **30**, 229-232.
17) Islinger M. *et al.* (1999): *Sci. Total Environ.*, **233**, 109-122.
18) Korte, J. J. *et al.* (2000): *Environ. Toxicol. Chem.*, **19**, 972-981.
19) Ohkubo N. *et al.* (2004): *Gen. Comp. Endocrinol.*, **137**, 19-28.
20) Ohashi H. *et al.* (2002): *Fish. Sci.*, **68**, Suppl. 1, 969-970.
21) Ohkubo N. *et al.* (2003b): *Fish. Sci.*, **69**, 1133-1143.
22) 中村　將 (2000): 第3回内分泌撹乱化学物質問題に関する国際シンポジウム要旨集, pp.106-106.
23) 伊藤文成 (2000): 水産環境における内分泌撹乱物質, 恒星社厚生閣, pp.31-42.
24) 菅野　徹 (1981): 有明海-自然・生物・観察ガイド, pp.194.
25) 佐藤正典編 (2000): 有明海の生きものたち, 海游舎, pp.396.
26) Peters, L. D. *et al.* (2001): *The Science of The Total Environment*, **279** (1-3), 137-150.
27) Sole, M. *et al.* (2002): *Aquatic Toxicology*, **60** (3-4), 233-248.
28) Allen, Y. *et al.* (1999): *Environ. Toxicol. Chem.*, **18**, 1791-1800.
29) Hashimoto, S. *et al.* (1998): *Jpn. J. Environ. Toxicol.*, **1**, 75-85.
30) Cho, S. M. *et al.* (2003): *Environ. Sci.*, **10**, 25-36.

88　Ⅲ．水産生物に対する影響実態と評価

5　コリオジェニンによる影響評価

　エストロゲン活性を有する内分泌かく乱物質（以下，エストロゲン様EDCs）のバイオマーカーとして，魚類では卵黄タンパクの前駆物質であるビテロジェニン（vitellogenin；Vg）が広く用いられていることは前節で述べられているとおりである．一方，卵膜を構成するタンパク質の前駆物質であるコリオジェニン（choriogenin；Cg）もまた，Vgと同様にエストロゲンの作用によって肝臓で産生される（図5・1）．Cgは，その産生を引き起こすエストロゲン濃度の閾値がVgの場合よりも低いとの報告があり，環境水中のエストロゲン活性を評価する上での感度の高いバイオマーカーとなることが期待される．ここでは，Cgに関する既往の知見を紹介するとともに，筆者らが行った広島湾におけるマコガレイ Pleuronectes yokohamae の血中Cg濃度の季節変動調査，各種化学物質を用いたCgの産生誘導実験，東京湾における影響実態調査などによって得られた知見について述べる．

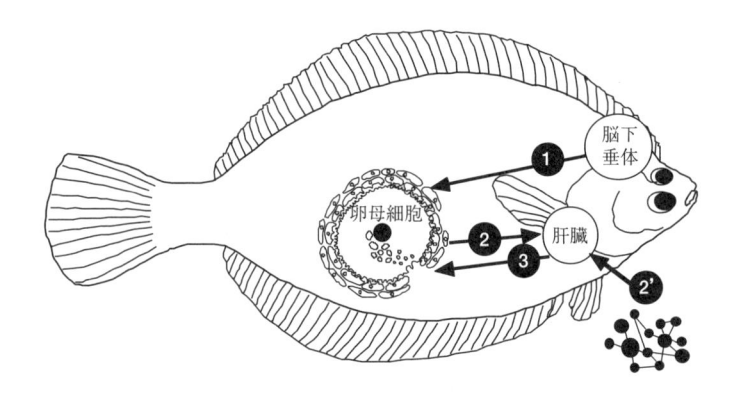

図5・1　生殖内分泌系と内分泌かく乱物質
産卵期の雌では，脳下垂体から血中に放出された生殖腺刺激ホルモン（1）によって卵濾胞組織でエストロゲン（2）が産生され，そのエストロゲンは肝臓におけるコリオジェニンおよびビテロジェニン（3）の産生を誘導する．エストロゲン様の内分泌かく乱物質（2'）は，季節や性別に関係なくコリオジェニンやビテロジェニンの産生を誘導する．

§1. コリオジェニンとは

　魚類の卵膜は，薄い外層と厚い内層から構成されている．卵膜の大部分を占める内層を構成する糖タンパクは，卵母細胞自身が合成すると長い間考えられていたが，Hamazakiら[1]によってメダカ *Oryzias latipes* の卵膜を構成するタンパク質の一部が肝臓由来であり，血清中にも見出されることが示された．この卵膜構成タンパク質と同一の抗原性を示す分子量49 kDaの血清タンパクは，産卵期の雌に特異的に存在することから，産卵雌特異物質（spawning female specific substance；SF物質）と名付けられた[2]．

　メダカの卵膜をSDS-PAGEで泳動すると，3つの主たるバンドZI-1，2，3（各76，74，49kDa）を形成する[3]．また，SF物質は2種類存在することが明らかとなり，それまでの49 kDaのSF物質はL-SF（low-molecular-weight spawning female specific substance）と改名され，新たに精製された74～76 kDaのタンパク質はH-SF（high-molecular-weight spawning female specific substance）と命名された[4]．ZI-1とZI-2はH-SF[5]，ZI-3はL-SFに由来することも明らかにされている[6]．これらのSF物質は，17β-エストラジオール（E_2）を餌あるいは飼育水に添加することにより産生が誘導される[7]．なお，卵黄（vitelline）の前駆物質がvitellogeninであることから，卵膜（chorion）の前駆物質であるSF物質をchoriogeninと呼ぶことが提唱され，現在に至る[8]．

　L-SF[9]およびH-SF[10]をコードする遺伝子は既にクローニングされ，産卵期の雌あるいはE_2処理魚の肝臓で発現していることが確認され，配列も決定されている．哺乳類の卵膜主要タンパク（zona pellucida；ZP1, 2, 3）との比較により，L-SFが精子受容体として同定されているZP3と構造が似ており，ハムスター，ヒト，マウスとアミノ酸ベースで各々38.5，41.7，37.9％の相同性を示す．一方，H-SFはZI2と構造的に似ているが，その機能は未だ不明である．魚では，現在までにウインターフラウンダー *Pseudopleuronectes americanus*[11]，キンギョ *Carassius auratus*[12, 13]，コイ *Cyprinus carpio*[12, 13]，およびゼブラフィッシュ *Danio rerio*[14]などのCg遺伝子がDNAデータベースに登録されている．

　Arukweら[15]は，タイセイヨウサケ *Salmo salar* を用い，Cgをエストロゲン様EDCsのバイオマーカーとすることを試みた．彼らは，タイセイヨウサケにノニルフェノール（NP）1～125 mg/kg・体重を腹腔注射し，2週間後に採血し

てVgおよびCg濃度を測定した結果，Cgは1 mg/kg・体重以上，Vgは125 mg/kg・体重のNPで有意に血中濃度が上昇したと報告している．ただし，彼らは3種類のCg (Zrp-α, β, γ) すべてを認識する抗体を用いた酵素免疫測定法（ELISA）で測定しており，相対的な濃度比較しかなされていない．また，電気泳動後の免疫染色（ウェスタンブロッティング）の結果から，Zrp-βが最も低濃度で誘導されるとも述べている．同様にCeliusら[16]は，タイセイヨウサケを用いて，25 mg/kg・体重のDDT投与によるCgの誘導をウェスタンブロッティングにより確認し，Vgの誘導が125 mg/kg・体重のDDTでも見られなかったことから，エストロゲン様化学物質に対し，Cg（特にβ）がVgよりも感度の高いバイオマーカーになると報告している．

§2. コリオジェニン定量法の開発

　Cgの濃度比較として，電気泳動後のタンパク染色や免疫染色によるバンドの染色強度，あるいはELISAによる相対的定量がなされてきた．これまでにCgの絶対量を測定した例は，唯一イトウ *Hucho perryi* のCgをELISAで測定した報告[17]があるのみで，海産魚のCg定量法に関する報告は見あたらない．筆者らは，海域環境におけるエストロゲン様EDCsの影響実態を把握することを目的とし，まずイトウの例を参考にマコガレイのCgを精製し，その抗体を作製して超高感度定量法である時間分解蛍光免疫測定法（TR-FIA）の開発を試みた[18]．

2・1　コリオジェニンの精製と抗体の作製

　マコガレイのCgは，概ねShimizuら[19, 20]に従い，以下の方法で精製した．まず，雄マコガレイに対し1 mg/kg・体重のE_2を背部筋肉に注射し，7日後に尾動脈より採血して定法に従い血清を分離した（E_2処理魚血清）．このE_2処理魚血清を出発材料とし，陰イオン交換カラム（Source 30Q, Amersham Pharmacia Biotech），ヒドロキシアパタイトカラム（Macro-Prep HA type II, Bio-Rad），陰イオン交換カラム（Poros HQ, Applied Biosystems）を順に用いてCgを精製した．精製過程における各画分中のCgの有無は，マコガレイの卵膜抽出液に対する抗体（a-Ve）を用いたウェスタンブロッティングにより確認した．その結果，分子量の異なる2種類のCgが得られ，37kDaのCgをCgL，61kDaのCgをCgHと呼ぶことにした．一例として，CgHの精製過程を図5・2に示す．これ

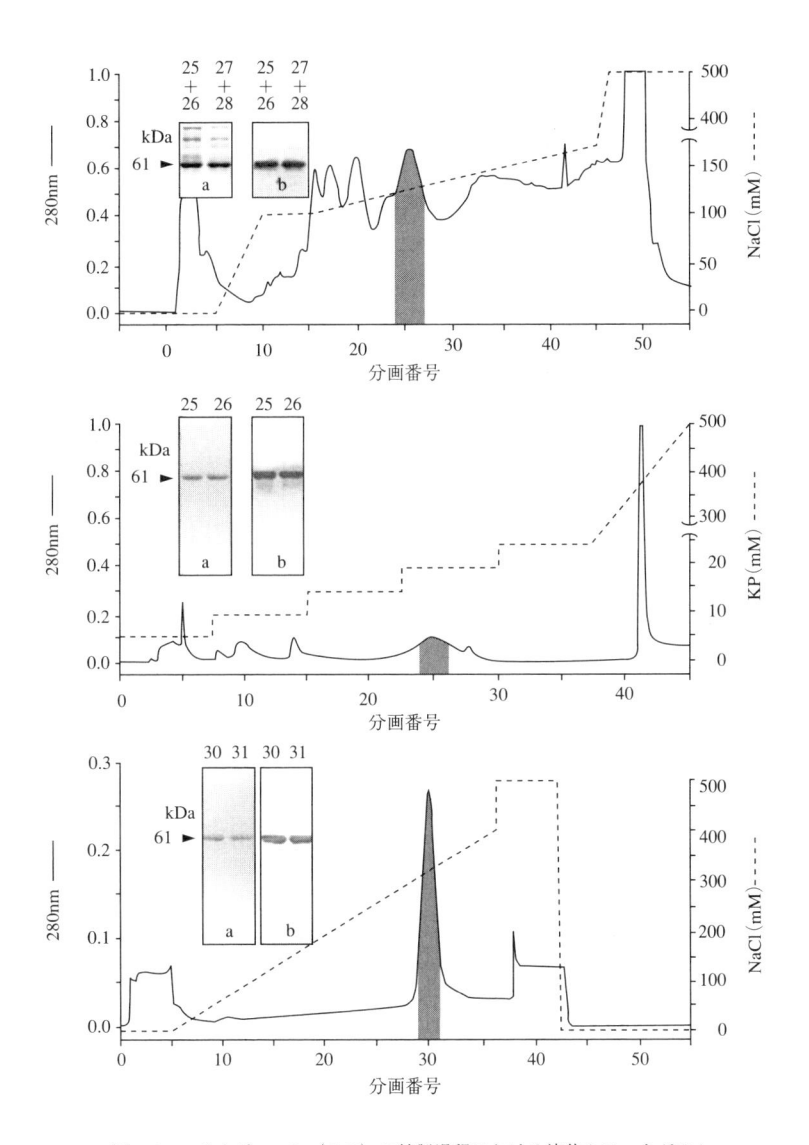

図 5·2 コリオジェニン（CgH）の精製過程における液体クロマトグラム
Source 30Q カラム（A），Macro-Prep HA type II カラム（B），Poros HQ カラム（C）を順に用いた．黒く塗りつぶした分取画分の SDS-PAGE（左）および a-Ve を用いたウェスタンブロッティング（右）の結果を図中に示す．矢印は分子量 61 kDa の CgH のバンドを示す．

ら精製Cgをウサギに免疫して得られた抗血清より，プロテインGカラムを用いて抗体（a-CgLおよびa-CgH）を精製した．なお，マコガレイのVgは，Yamanakaら[21]に準じてPoros HQカラムを用いて精製し，Cgと同様の手法でVgに対する抗体（a-Vg）を作製した．

各抗体の特性は，マコガレイの正常雄血清，E_2処理魚血清，卵膜抽出物および精製したCgL，CgH，Vgを試料としたSDS-PAGE後のウェスタンブロッティングにより確認した（図5・3，各々レーン1～6）．図5・3に示すように，泳動ゲルのタンパク染色（CBB）におけるE_2処理魚血清は，正常雄血清と共通のバンドおよび正常雄血清には見られない複数のバンドを形成し，分子量180 kDaのVgのバンドが特に強く染色された．卵膜抽出液は37 kDaおよび61 kDaの主たるバンドを形成した．精製CgLは32，34，37 kDaの位置に3本のバンド，精製CgHは61 kDaの位置，精製Vgは180 kDaの位置にバンドを形成した．

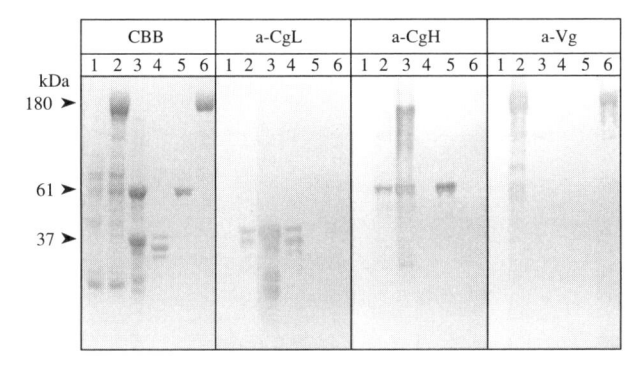

図5・3 コリオジェニン（CgL，CgH）およびビテロジェニン（Vg）に対する抗体の特性
SDS-PAGEで正常雄血清（1），E_2処理魚血清（2），卵膜抽出物（3），精製CgL（4），精製CgH（5）および精製Vg（6）を分画した後，クーマシーブリリアントブルーによるタンパク染色（CBB），a-CgL，a-CgHあるいはa-Vgを用いたウェスタンブロッティングによる免疫染色を施した．

ウェスタンブロッティングの結果，a-CgLはE_2処理魚血清中の34，37 kDaの2本のバンド（レーン2），卵膜抽出液中の25～37 kDaの複数バンド（レーン3），精製CgLの32，34，37 kDaの3本のバンドと反応した（レーン4）．しかしながら，正常雄血清，精製CgHおよび精製Vgとは全く反応しなかった（各レーン1，5，6）．これらの結果から，CgLはE_2投与によって雄マコガレイ

の血清中に出現すること，37 kDaの卵膜構成タンパクと共通の抗原性を有すること，a-CgLはCgLを特異的に認識することなどが明らかになった．なお，37 kDaよりも低分子のバンドは，CgLの一部が分解した産物と推定されるが，今のところ確証は得られていない．

a-CgHを用いたウェスタンブロッティングでは，E_2処理魚血清中の61 kDa，卵膜抽出液中の61 kDaおよび170 kDa，精製CgHの61 kDaのバンドと反応した（各レーン2，3，5）．しかしながら，正常雄血清，精製CgLおよび精製Vgとは全く反応しなかった（各レーン1，4，6）．これらの結果から，CgHはE_2投与によって雄マコガレイの血清中に出現すること，CgHは61 kDaの卵膜構成タンパクと共通の抗原性を有すること，a-CgHはCgHを特異的に認識することが明らかになった．なお，卵膜抽出液に見られた170 kDaのバンドは，61 kDaの卵膜構成タンパクが複合体を形成したものと推定されるが，今のところ確証は得られていない．

a-Vgを用いたウェスタンブロッティングの結果，E_2処理魚血清の180 kDaのブロードなバンドおよび50〜120 kDaの複数のマイナーバンド，精製Vgの180 kDaのバンドと反応した（各レーン2，6）．しかしながら，正常雄血清，卵膜抽出液，精製CgLおよび精製CgHとは全く反応しなかった（各レーン1，3，4，5）．これらの結果から，VgはE_2投与によって雄マコガレイの血清中に出現すること，a-VgはVgを特異的に認識することが明らかになった．なお，E_2処理魚血清の複数のマイナーバンドは，Vgの分解産物と推定されるが，今のところ確証は得られていない．

以上の結果から，今回得られた3種類の抗体a-CgL，a-CgH，a-Vgは，各々CgL，CgH，Vgと特異的に反応することが確認されたため，これらを用いた免疫学的定量法の開発を試みた．

2・2　時間分解蛍光免疫測定法（TR-FIA）

バックグラウンドのノイズを極力下げるため，各抗体の一部をペプシンで消化した後に非特異結合の要因となりうるフラグメントFcを除き，抗原との特異的な結合に重要なフラグメントF(ab')2を精製してビオチン標識を施した．TR-FIAの概略は以下のとおりである．①96穴マイクロプレートの各試料穴に抗体を添加（抗体の固相化），②ブロッキング溶液の添加（試料穴のタンパク未吸着部位のブロッキング），③サンプル血清あるいは精製抗原の希釈系列を添

加（固相化抗体との抗原抗体反応），④ビオチン標識F（ab'）2の添加（固相化抗体にトラップされた抗原との抗原抗体反応），⑤ユーロピウム標識アビジン（Wallac）の添加（アビジン・ビオチン結合反応），⑥キレート試薬（Wallac）の添加（ユーロピウムキレートの形成），⑦ユーロピウムキレートの蛍光強度を時間分解測定．なお時間分解測定とは，励起光照射後に一定時間が経過し，非特異的な蛍光バックグラウンドが消失してからユーロピウムキレートのような寿命の長い蛍光を選択的に測定する方法であり，ノイズが低く高感度定量が可能となる．

一例として，精製CgH，E_2処理魚血清および正常雄血清の段階希釈液を試料として，TR-FIAにより蛍光強度を測定した結果を図5・4に示す．精製CgHとE_2処理魚血清の希釈曲線は平行となり，正常雄血清も低い希釈倍率では蛍光が検出された．精製CgHの濃度と蛍光強度との関係式を求めた結果，61 pg／ml 〜31.3 ng／mlの範囲で高い相関性（$r^2 = 0.999$）を示す直線回帰式が得られた．本回帰式を用いて計算した結果，E_2処理魚血清は786 μg／ml，正常雄血清は3.9 ng／mlのCgHを含むことが明らかになった．なお，本法におけるアッセイ内変動係数（CV％，n＝6）およびアッセイ間変動係数（CV％，n＝3）は，各々122 pg／mlで3.9％，12.8％，1.95 ng／mlで5.1％，6.8％，31.3 ng／mlで1.6％，3.9％であった．

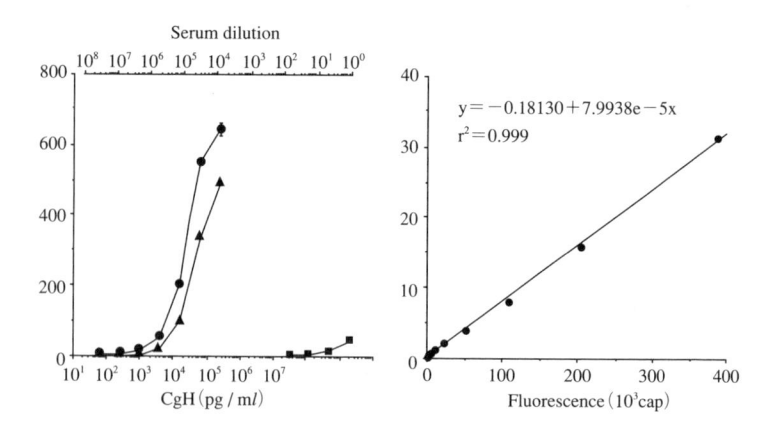

図5・4　時間分解蛍光免疫測定法によるコリオジェニン（CgH）の定量
精製CgH（●），E_2処理魚血清（▲），正常雄血清（■）の希釈系列と蛍光強度の関係（左図）および61 pg／ml〜31.3 ng／mlのCgHにおける検量線（右図）．

§3. エストロゲンによるコリオジェニンの産生誘導

エストロゲンによるCgL, CgHおよびVgの産生誘導能を明らかにするため, 雄のマコガレイをエストロン (E_1), E_2あるいはエチニルエストラジオール (EE_2) に流水式で2週間曝露し, これらバイオマーカーの血清中の濃度変化を調べた. なお, 曝露水中の各エストロゲン濃度は, ガスクロマトグラフ質量分析法 (PFBB化GC-Cl/MS) により実測したが, 便宜上ここでは主に設定濃度で話を進める.

血清中の各バイオマーカー濃度を有意に上昇させるエストロゲンの最低水中濃度は, E_1の場合CgLとVgが30 ng/L (実測値25.2 ng/L), CgHが100 ng/L (実測値112 ng/L), E_2ではCgLとVgが10 ng/L (実測値5.2 ng/L), CgHが30 ng/L (実測値22.8 ng/L), EE_2ではCgLとVgが0.3 ng/L (定量下限値未満), CgHが1 ng/L (定量下限値未満) であり, いずれも水中エストロゲン濃度の増加に伴い血清中バイオマーカー

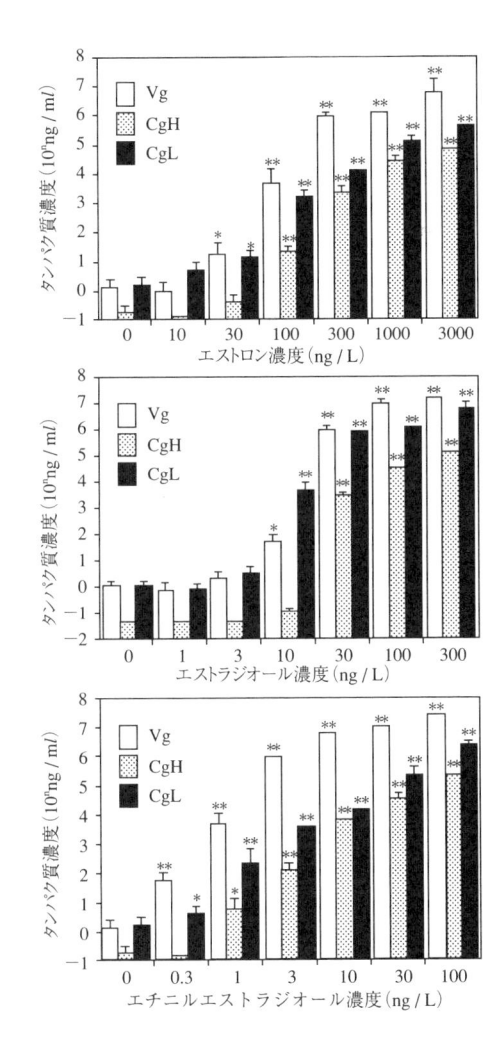

図5・5 各種エストロゲン曝露によるマコガレイ雄の血清中CgL, CgH, Vg濃度の変化
ダネットの多重比較により, 対照群 (0 ng/L) との有意差を検定した. *は5%, **は1%の危険率で有意差があることを示す.

濃度も増加した（図5・5）．各バイオマーカーの産生を誘導する閾値でエストロゲン活性を比較すると，$EE_2 : E_2 : E_1 = 100 : 3 : 1$となり，合成エストロゲンである$EE_2$の活性が極めて高いこと，環境水中での検出頻度が高いE_1もマコガレイに対しE_2の1/3程度のエストロゲン活性を示すことが明らかになった．また，各エストロゲンに対する各バイオマーカーの感度を比較すると，CgHは若干低いものの，CgLはVgとほぼ同じ高感度バイオマーカーとして利用できることが明らかになった．

§4．マコガレイの血中コリオジェニン濃度の季節変化

これらバイオマーカーの血中濃度を指標として，天然海域におけるエストロゲン様EDCsの影響実態を推定するためには，各バイオマーカーの正常値を把握しておく必要がある．そこでまず，比較的清浄と考えられた厳島（広島県廿日市市）周辺海域で漁獲されたマコガレイを1年間毎月サンプリングし，生殖腺の発達状況や血中VgおよびCg濃度の周年変化を調べた．また，同海域海水中に含まれる4-t-オクチルフェノール（OP），NP，ビスフェノールA（BPA），フタル酸ジ-n-ブチル，フタル酸ジ-2-エチルヘキシルなどの化学物質やE_1, E_2, E_3およびEE_2などの天然あるいは合成エストロゲン濃度を，GC-MS法あるいはLC-MS法により分析した．また，広島市内を流れる太田川河口域で漁獲されたマコガレイの血中VgおよびCg濃度を測定するとともに，生殖腺の組織学的観察を行った．

厳島周辺海域におけるマコガレイの生殖腺体指数（GSI）の周年変化を図5・6，血中CgL，CgHおよびVg濃度の周年変化を各々図5・7～5・9に示す．雌では，すべてのバイオマーカーの濃度が12月にピークとなり，平均でCgLが220 μg / ml，CgHが290 μg / ml，Vgが2.9 mg / mlに達するとともに，GSIのピークと時期が一致した．一方，春から夏の間，CgLおよびCgHは雄とほぼ同じレベルにまで低下したが，Vgは8月を除き雄よりも高く，数μg / ml以上を示した．雄もGSIは12月にピークを示したが，CgHとVgは10月に各々1.9 ng / mlと590 ng / mlのピークを示し，CgLは夏から秋にかけて20～30 ng / mlの比較的高い値を維持する一方，冬から春の間は0.1～2.9 ng / mlと低い値が続いた．以上の結果から，これらバイオマーカーによって実環境におけるエストロゲン様EDCsの影響を評価する際には，調査時期，対象魚の性別，成熟度などを考

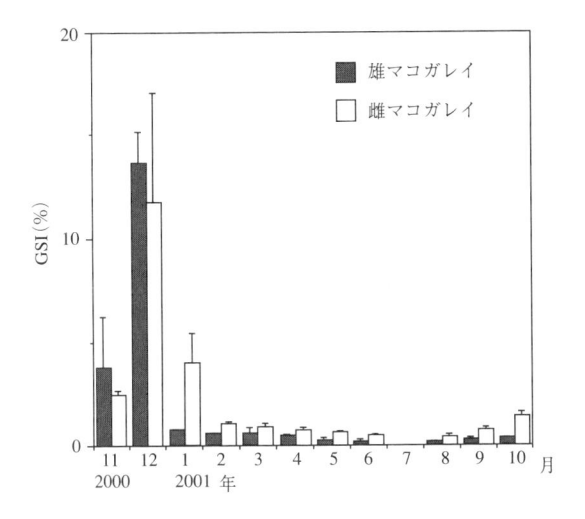

5. コリオジェニンによる影響評価　97

図5・6　広島湾におけるマコガレイの生殖腺指数（GSI）の周年変化

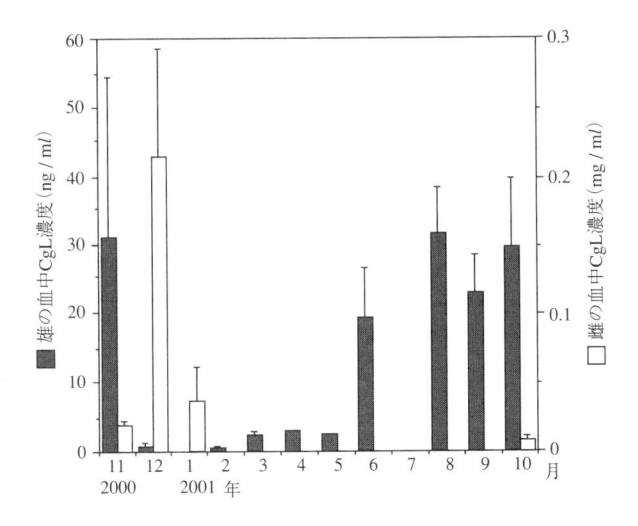

図5・7　広島湾におけるマコガレイの血中CgL濃度の周年変化

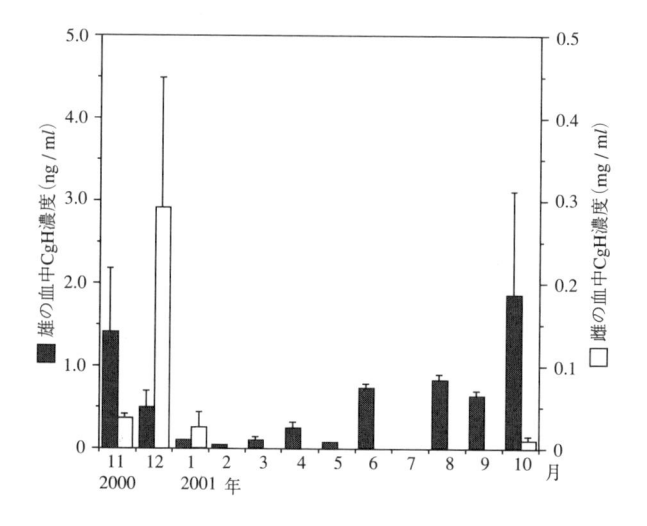

98　Ⅲ．水産生物に対する影響実態と評価

図5・8　広島湾におけるマコガレイの血中CgH濃度の周年変化

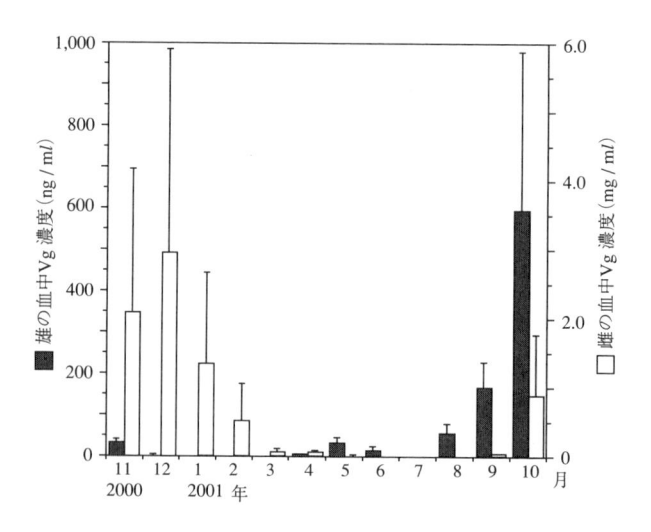

図5・9　広島湾におけるマコガレイの血中Vg濃度の周年変化

慮しなければならないことが明らかになった．なお，マコガレイ漁場付近の海水中には0.3 ng/LのE_1が検出されたが，その他の物質は検出限界値未満であり，エストロゲン様内分泌かく乱が引き起こされている可能性は極めて低いと考えられた．また，同時期に漁獲された厳島周辺海域と太田川河口域のマコガレイを雌雄別に比較した結果，各バイオマーカーの血中濃度に有意な差は認められず，生殖腺にも異常は認められなかったことから，広島湾奥においてもマコガレイにはエストロゲン様EDCsの影響は及んでいないものと推察された[22]．

§5. 東京湾におけるマコガレイの影響実態

Hashimotoら[23]によってマコガレイの内分泌かく乱を示唆する報告がなされた東京湾を対象とし，2002年10月に図の4地点（図5·10）で漁獲されたマコガレイの血中CgL，CgHおよびVg濃度を調べた[24]．また，海水中のOP，NP，BPA，E_1，E_2，E_3濃度を，東京農工大学高田助教授のご厚意によりGC-MS法あるいはLC-MS法によって分析するとともに，各化学物質濃度を組換え酵母アッセイによるE_2当量に換算した．

図5·10 東京湾におけるマコガレイの漁獲地点

漁獲されたマコガレイの各バイオマーカーの血中濃度を，前述の広島湾のマコガレイと比較した結果，雄のCgLおよびCgH濃度に有意な差は認められず，Vgは地点①および②で広島湾産よりもむしろ有意に低い値となった（図5·11〜5·13）．これらの結果から，今回の調査地点におけるエストロゲン様EDCsの影響は，マコガレイには及んでいないと判断された．なお，海水中のNPは3.1〜61.4 ng/L，OPは0.2〜5.7 ng/L，BPAは3.0〜19.9 ng/L，E_1は0.1〜1.6 ng/L，E_2は0.01〜0.15

100　Ⅲ．水産生物に対する影響実態と評価

図5・11　マコガレイ血中CgL濃度の漁獲地点間の比較
□は雌，■は雄のデータであり，比較は雌間および雄間で行った．漁獲地点①〜④は，図5・10に示す．**は1％の危険率で有意差があることを示す．

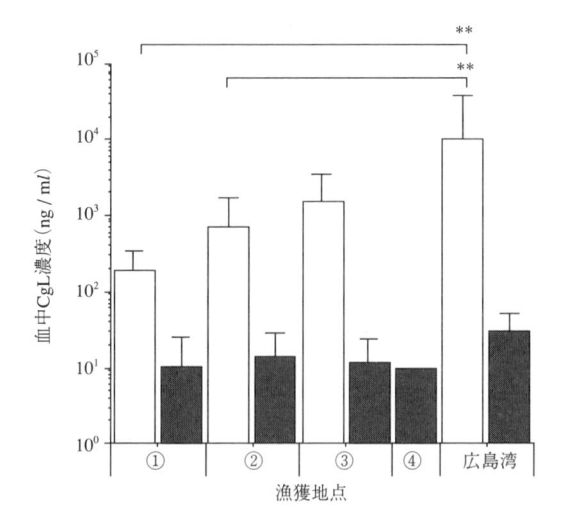

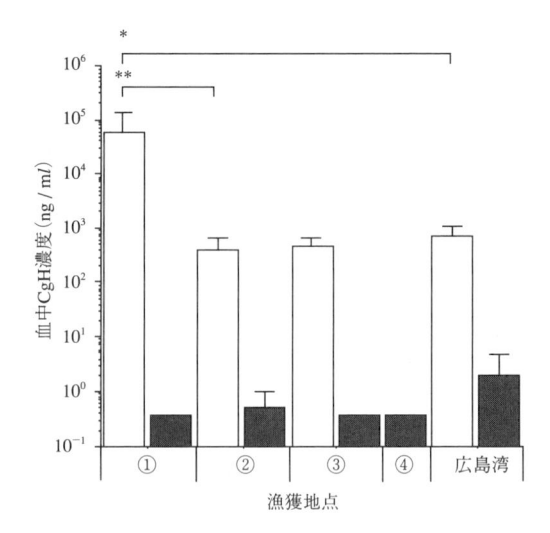

図5・12　マコガレイ血中CgH濃度の漁獲地点間の比較
□は雌，■は雄のデータであり，比較は雌間および雄間で行った．漁獲地点①〜④は，図5・10に示す．*は5％，**は1％の危険率で有意差があることを示す．

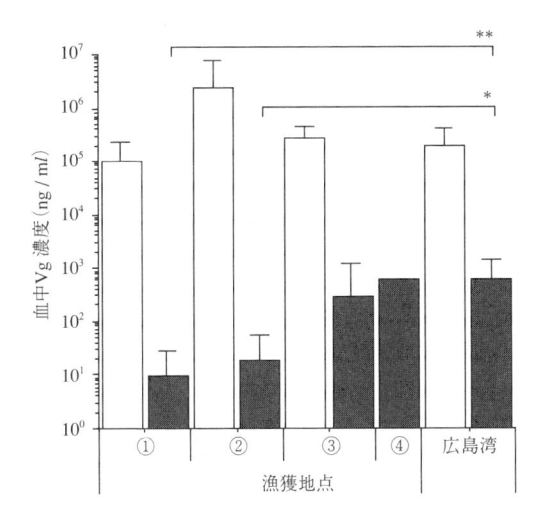

図5・13 マコガレイ血中Vg濃度の漁獲地点間の比較
□は雌,■は雄のデータであり,比較は雌間および雄間で行った.漁獲地点①〜④は,図5・10に示す.＊は5％,＊＊は1％の危険率で有意差があることを示す.

ng/L,E_3はND〜0.24 ng/Lであり,いずれの物質も湾口部から湾奥部に向かって濃度が高まる傾向が見られた.しかし,各化学物質濃度のE_2当量の合計は,最も高い地点でも0.4 ng・E_2 eq/Lに過ぎなかった.この値は,前述の曝露試験結果におけるバイオマーカーの誘導に必要なE_2濃度(実測値5.2 ng/L)を大きく下回っており,バイオマーカーによる影響実態調査結果の妥当性が検証された.

§6. 今後の課題

ここでは,マコガレイの血中Cg濃度を指標としたエストロゲン様EDCsの海域における影響評価法を開発するとともに,その成果を応用した広島湾および東京湾での影響実態調査結果を紹介した.エストロゲンを用いた曝露試験の結果からは,少なくともマコガレイにおいては,期待していたようなVgを上回る高い感度は示さなかったものの,CgはVgと同程度の感度を有する優れたバイオマーカーであることが明らかとなった.また,これらの試験結果から,影響実態調査における調査海域のマコガレイのCgやVgの血中濃度を測定する

ことにより，環境水中のエストロゲン活性を推定することが可能となった．し
かしながら，現時点ではエストロゲン様EDCsが水産資源に及ぼす影響につい
ては不明のままである．水産の立場に立った影響評価を可能とするためには，
配偶子形成，産卵数，受精率，孵化率，生残率，雌雄比など魚類の再生産に
関連する因子に及ぼすエストロゲン様EDCsの影響，さらにはそれらとCgや
Vgなどのバイオマーカーとの関連を明らかにしなければならない．また，今
回の調査では広島湾，東京湾ともにマコガレイへの影響は認められなかったが，
本プロジェクトの研究期間内で調査できたのは極一部の水域に過ぎないため，
今後さらに調査範囲を広げるとともに，影響が懸念される他の海域あるいは他
の魚種についても，複数年にわたる継続した調査を行う必要があろう．

(藤井一則・角埜　彰・持田和彦)

文　献

1) Hamazaki T. et al. (1984): Zool. Sci., 1, 148-150.
2) Hamazaki T. et al. (1985): J. Exp. Zool., 235, 269-279.
3) Hamazaki T. S. et al. (1987): J. Exp. Zool., 242, 343-349.
4) Murata K. et al. (1991): Develop. Growth & Differ., 33, 553-562.
5) Murata K. et al. (1993): Zygote, 1, 315-324.
6) Hamazaki T. S. et al. (1989): Develop. Biol., 133, 101-110.
7) Murata, K. et al. (1994): Gen. Comp. Endcrinol., 95, 232-239.
8) Yamagami K. (1996): Zool. Sci., 13, 331-340.
9) Murata K. et al. (1995): Develop. Biol., 167, 9-17.
10) Murata K. et al. (1997): Proc. Natl. Acad. Sci. USA, 94, 2050-2055.
11) Lyons C. E. et al. (1993): J. Biol. Chem., 268, 21351-21358.
12) Chang Y.S. et al. (1996): Mol. Reprod. Dev., 44 (3), 295-304.
13) Chang Y.S. et al. (1997): Mol. Reprod. Dev., 46 (3), 258-267.
14) Wang H. and Z. Gong (1999): Biochim. Biophys. Acta, 1446 (1-2), 156-160.
15) Arukwe A. et al. (1997): Environ. Health Perspect., 105, 418-422.
16) Celius T. and B. T. Walther (1998): J. Exp. Zool., 281, 346-353.
17) Shimizu M. et al. (2000): J. Fish Biol., 57, 170-181.
18) 藤井一則ら (2002):環境毒性学会誌, 5, 33-41.
19) Shimizu M. et al. (1998): J. Exp. Zool., 282, 385-395.
20) Shimizu M. et al. (1998): Fish. Sci., 64, 600-605.
21) Yamanaka S. et al. (1998): Biosci. Biotechnol. Biochem., 62, 1196-1200.
22) 飯島憲章ら (2001):環境毒性学会誌, 4, 45-53.
23) Hashimoto S. et al. (2000): Marine Environ. Res., 49, 37-53.
24) 藤井一則 (2003):第三回東京湾統合沿岸域管理研究シンポジウム講演要旨集, 11-14.

6 アサリの性の変異による影響実態の解明

アサリは，内海・内湾域の河口干潟に生息し，漁獲されて食卓に供せられるほか，潮干狩りなどを通じて我々に馴染みの深い生物である．干潟は，都市化した河川の河口域に形成される場合もあり，そこに生息するアサリは河川水および都市や工業排水を通じて様々な人工化学物質に曝される機会が多く，それらが直接的にアサリを斃死させたり，生理機能に影響を与えたりすることが懸念されている．

本研究では，これらの化学物質の中でエストロゲン様内分泌かく乱物質（以下，エストロゲン様EDCs）について，アサリに対する影響を評価するための手法を開発するとともに，それを用いた野外での影響実態調査を行った．

一般に，生物に対するエストロゲン様EDCsの影響として懸念されるのは，雄の生殖機能が影響を受けることであり，具体的には精子形成の抑制や精巣卵を生じる雌雄同体化，性行動の抑制や二次性徴の異常などがあげられる．

しかし，アサリのような二枚貝を用いて化学物質などによる内分泌かく乱実態を調べる調査には，魚類と比較していくつかの問題点がある．アサリには性行動や形態観察で識別可能な二次性徴は報告されていないので，このような異常を調べるためには精巣での精子形成の抑制や精巣卵を組織学的手法によって調べる必要がある．しかし，精巣卵などの生殖腺の部分的異常を調べるためには，生殖巣全般にわたって組織切片を作製する必要があるので，多大の労力を要する（図6・1）．

一方，組織学的な評価に代わる手法を用いるためには，鋭敏かつ簡便な指標（バイオマーカー）が必要であり，魚類ではビテロジェニンアッセイが知られている[1]．魚類では，ビテロジェニンはエストロゲンによって肝臓で合成され，血液を通じて卵巣に輸送されるため，エストロゲンあるいはエストロゲン様EDCsの影響指標として血中ビテロジェニンの測定が有効である．しかし，二枚貝類のビテロジェニンの報告はマガキ[2]以外にはほとんど見当たらないほか，卵形成が生殖巣内部のみで完結するために，魚類のビテロジェニンに該当する卵黄タンパク前駆物質は二枚貝類の血液である血リンパ液中には出現しないとされている．また，魚類など脊椎動物と比較して，二枚貝類では性成熟や配偶

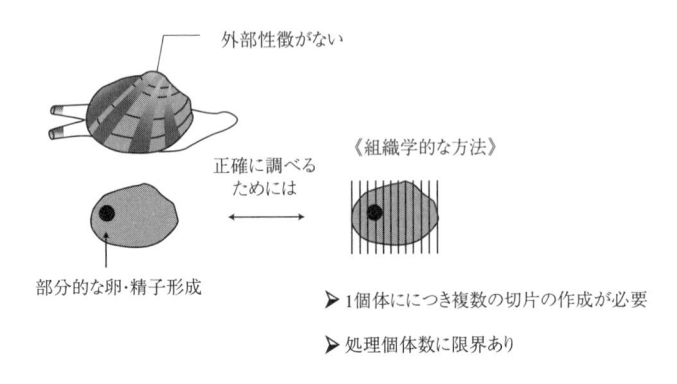

104　III. 水産生物に対する影響実態と評価

図中のラベル:
- 外部性徴がない
- 正確に調べるためには
- 《組織学的な方法》
- 部分的な卵・精子形成
- ➢ 1個体ににつき複数の切片の作成が必要
- ➢ 処理個体数に限界あり

図6・1　二枚貝類の精巣卵を組織学的手法で調べる際の問題点

子形成を制御する生理学的情報が極めて少なく，各種EDCsに関する有効なバイオマーカーは知られていないので，それによる評価はできない．

そこで，まず，実態調査を行う前にアサリのエストロゲン様EDCsに対する生殖腺異常を把握する方法を検討した．

§1. アサリの生殖異常の把握手法

本研究では，野外で大規模にアサリの生殖異常を調べるために，大量の試料の処理を考慮し，雌雄判別並びに間性（雌と雄との中間の形質をもつ異常個体）を評価できる簡易判定法を開発するとともに，遺伝的性の判定手法も開発し，これらを組み合わせることによって生殖異常の総合的な評価法を考案した．

1・1　アサリの雌雄判別並びに間性評価法

アサリの卵（卵黄タンパクの一部）あるいは精子（膜成分）に特異的なモノクローナル抗体を各々作製し，それらを用いた短時間で大量の試料処理が可能な酵素免疫法（ELISA）によって雌雄判定並びに間性を評価する方法を開発した（図6・2）．まず，アサリの軟体部（可食部）を摘出し，水管，鰓，斧足などを除去した後にホモジナイズした試料をELISAに供した．図6・2に示すように2種類のELISA（1 stepと2 step）を使い分け，より簡便な1 step ELISAにより雌雄判定，より感度の高い2 step ELISAによりエストロゲン様EDCsの影響評価を行った．また，2 step ELISAでは卵および精子の定量分析も可能で

あり，アサリの体内に卵が1個，精子は50個以上あれば検出可能である．これによって，エストロゲンやアンドロゲンの作用によって生じる，卵や精子数の増減についても調べることができる．この手法では，ホモジナイズが終了していれば，1日当たり100検体以上の分析が可能となる．

ただし，ELISAで卵成分が検出された個体が必ずしも卵形成を行っているとは限らないため，組織学的手法によって卵形成を確認して間性を判定する必要がある．

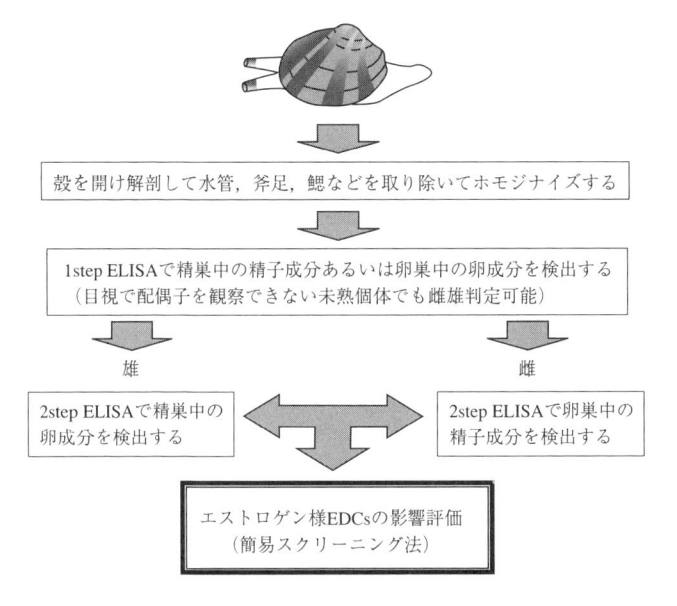

```
        [アサリの図]
           ↓
┌──────────────────────────────────────┐
│ 殻を開け解剖して水管，斧足，鰓などを取り除いてホモジナイズする │
└──────────────────────────────────────┘
           ↓
┌──────────────────────────────────────┐
│ 1step ELISAで精巣中の精子成分あるいは卵巣中の卵成分を検出する │
│ （目視で配偶子を観察できない未熟個体でも雌雄判定可能）        │
└──────────────────────────────────────┘
      ↙ 雄                            ↘ 雌
┌──────────────┐            ┌──────────────┐
│ 2step ELISAで精巣中の │ ←→ │ 2step ELISAで卵巣中の │
│ 卵成分を検出する      │     │ 精子成分を検出する    │
└──────────────┘            └──────────────┘
                    ↓
        ┌──────────────────────┐
        │ エストロゲン様EDCsの影響評価 │
        │   （簡易スクリーニング法）   │
        └──────────────────────┘
```

図6・2　二枚貝の雌雄判定およびエストロゲン様EDCs影響評価のためのELISAシステム

1・2　遺伝的性の判定

生物の性を判定する場合，形成されている配偶子のみで性別を判断するのは問題があると思われる．仮にある生物個体が精子形成をしていた場合，その個体は果たして雄なのであろうか．もしかしたら，本来は雌であるのに何らかの影響によって雄の配偶子を作っている可能性がある．そこで，内分泌かく乱を正確に表現するためには，まず検査する個体の遺伝的性を調べる必要がある．

哺乳類には性染色体が特定されており，遺伝的性を調べるのは容易である．

しかし，今のところ性染色体が特定されているのは魚類までであり，無脊椎動物での報告はない．では，アサリの遺伝的性は判定できないのであろうか．幸いなことに，一部の二枚貝のミトコンドリア遺伝子には性差（雌型，雄型）があり，2つの型のミトコンドリアはそれぞれ母系，父系遺伝することがムラサキイガイの仲間 *Mytilus* spp. で報告されている[3]（図6・3）．

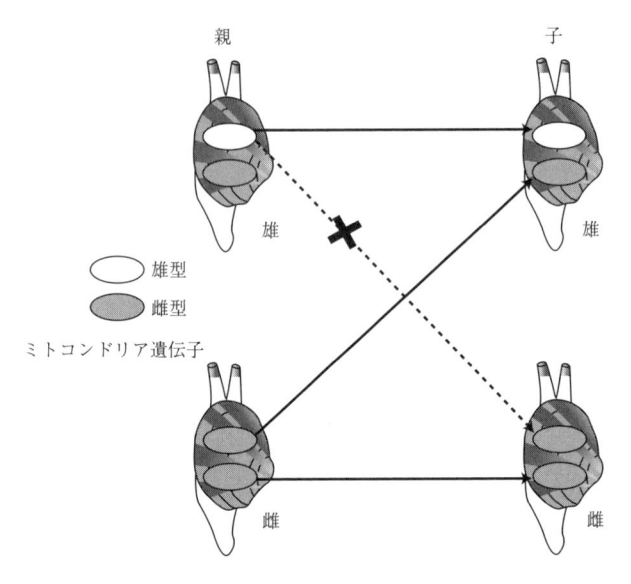

図6・3　二枚貝類のミトコンドリアの遺伝様式
雄型ミトコンドリアは雄にのみ遺伝する．

これによると，ムラサキイガイの仲間では雄は雄型と雌型のミトコンドリアの両方をもち，雌は雌型ミトコンドリアのみをもつ．したがって，雄型ミトコンドリアをもつ個体は遺伝的雄であるといえる．このムラサキイガイの仲間の雄型と雌型のミトコンドリアの塩基配列はかなり異なっており，遺伝子を調べるための遺伝子増幅技術（Polymerase Chain Reaction；PCR）で簡単に検出できる．

アサリでもミトコンドリアに性差があることが確認されていることから[4]，遺伝的性の判定が可能であると考えられた．そこで，データベースに登録されている塩基配列情報（AB065374〜5）からアサリのミトコンドリア遺伝子上の雌雄で差のある領域を検索し，その部分を増幅できるPCRの系を構築した．しか

し，Dalziel and Stewart [5] がムラサキイガイの仲間で報告しているように，雄型ミトコンドリアの検出率は，同一個体でも，どの部位から抽出したDNAを用いるかによって異なる．そこで，アサリの各組織から抽出したDNAを用いてPCRを行ったところ，用いる組織によっては雄型ミトコンドリアが検出できないことが明らかとなった．本研究では，雄型ミトコンドリアの検出結果が最も良好であった前部閉殻筋から抽出したDNAを用いて遺伝的性を判定した．

1・3 アサリの生殖異常の判定

1・1の方法で判定できるのは，現在形成されている配偶子による異常であるが，早い時期に外部の化学物質などによって性転換などが起こり，本来，雄になるべき個体が正常に卵形成を，雌になるべき個体が正常に精子形成を行っている可能性もある．それについては，ELISAや組織切片によって調べた雌雄の結果と1・2の方法で調べた遺伝的性の結果を照合し，たとえば遺伝的性と形成された配偶子の不一致が認められた場合，性転換などの可能性があると判断することができるわけである．

§2. 構築した影響実態評価手法の有効性の確認

これらの手法については，いずれもアサリに17β-エストラジオール（E_2）を実験室内で曝露して有効性を検討した．曝露実験は人工種苗生産によって得た平均殻長13 mmのアサリを50個体ずつ30Lのガラス水槽に収容し，E_2を飼育水中の濃度が1, 10, 50, 100, 500, 1,000 ng／Lとなるように添加した．飼育

表6-1　E_2曝露実験期間中の飼育水中のE_2濃度（ng／L）の変化

第1回目測定			第2回目測定		
設定濃度	添加直後	24時間後	設定濃度	添加直後	24時間後
無添加対照	0.8	0.1	Blank	0.8	0.1
溶媒対照	0.8	0.1	溶媒対照	0.8	0.1
1	1.2	0.1	1	1.6	0.1
10	12	3	10	11	4
50	52	18	50	67	23
500	498	245	500	400	280
1000	899	602	1000	789	564

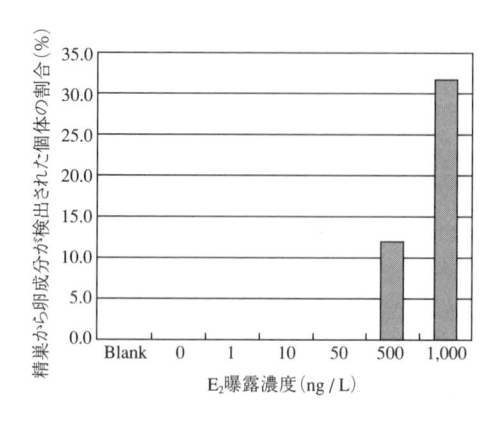

図6·4 E_2曝露によって精巣から卵成分が検出された個体の割合

は40日程度行い,期間中,換水は1日1回実施し,餌にはChaetocceros spp.とPavlova lutheriを1日2回投与した.海水中のE_2濃度はLC-MSにより分析した.アサリの生殖腺の状態はELISAおよび凍結切片による組織学的手法によって調べた.

曝露時の水槽中のE_2濃度の実測値を,表6·1に示す.今回の曝露実験では,アサリを成熟させるために与えた餌料への吸着などによりE_2の減衰が早かった.E_2曝露によって,雄から卵成分が検出される個体の割合は,設定濃度500 ng/L区で12%,1,000 ng/L区で32%であり,E_2濃度が500 ng/L以上では,生殖異常の可能性があることが明らかになった(図6·4).これらの雄個体を組織学検査によって調べたところ,1,000 ng/L区で8%の個体で精巣卵の形成が確認された.

これらのことから,アサリにおいても体外の物質によって内分泌かく乱作用が生じる可能性があることが示唆された.しかし,これまでに海域ではこのような高いE_2濃度は観測されていないので,実際の海域でアサリに内分泌かく乱が生じているかどうかは,今後慎重に調べるべきであると考えられる.

§3. 影響実態の評価

前述の手法を用い,東京農工大学の高田秀重助教授と共同で,東京湾における影響実態調査を行った.2002年5月に,東京湾内の3ヶ所(図6·5;A,B,C地点)で,殻長30 mm以上のアサリ100個体程度とともに海水,底泥,餌生物を採取し,エストロゲンおよびエストロゲン様EDCsの分析を行なった.

アサリに関しては,まず,卵および精子成分に対する抗体を利用したELISAを用いて,各地点60個体について雌雄および精巣卵など生殖腺異常個体の判定を行った.次いで,採取したアサリのうち各地点10個体程度について,生

殖腺全般にわたり50μmごとに組織切片を作製し，ヘマトキシリン・エオジン染色を行い配偶子の形成状態や精巣卵などの有無を調べた．用いたすべてのアサリの閉殻筋からDNAを抽出し，前述のPCR法により遺伝的性を判定し，これらの結果を併せて東京湾のアサリの内分泌かく乱実態を検討した．

調査時の海水中のE_1，E_2，E_3，オクチルフェノール（OP），ノニルフェノール（NP）の濃度は，それぞれ0.4〜2.3 ng/L，0.32〜2.45 ng/L，0.1〜0.5 ng/L，0.38〜11.80 ng/L，10〜34.13 ng/Lであり，最高値はE_1およびE_2がB地点，E_3，OPおよびNPはA地点で観測された．

堆積物中のE_2，OP，NPの濃度は，それぞれ乾重量当たりで0.1〜0.6 ng/g，0.7〜11.80 ng/g，10〜287.1 ng/gであり，最高値はいずれもA地点で観測された．

アサリ体内のOPとNPの濃度を軟体部の湿重量当たりで換算すると，それぞれ0.2〜1.31 ng/g，7〜26.3 ng/gであり，最高値はOP，NPともにA地点であった．

アサリの生殖腺をELISAで調べた結果を図6・5に示す．各地点で採取されたアサリの性比は，雄：雌＝1.14〜1.46：1であった．今回ELISAによって

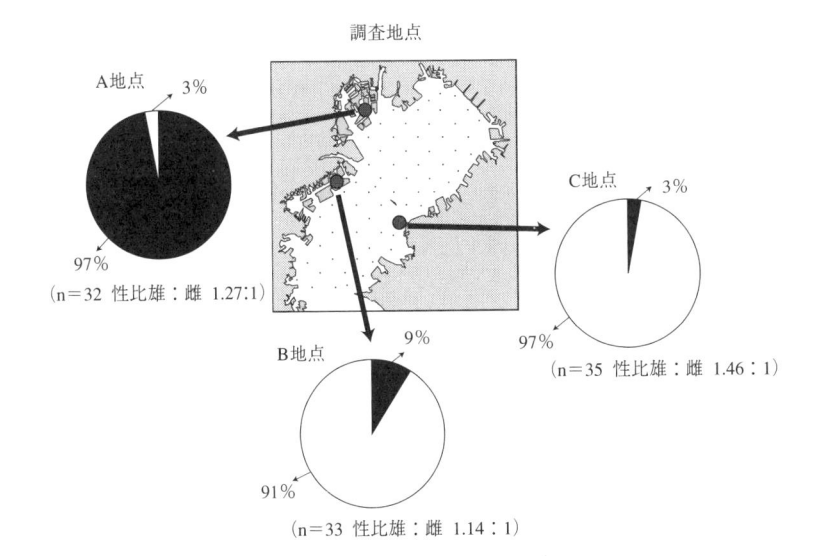

図6・5 2002年東京湾影響実態調査結果
○，卵成分が検出されなかった雄；●，卵成分が検出された雄．

異常が確認されたのは精巣から卵成分が検出された事例のみであり、雄の調査個体数に対する検出率は、A地点では97％、B地点では9％、C地点では3％であった。BおよびC地点では、精巣卵は確認されなかったが、A地点では組織学的検査に供した雄5個体のうち1個体で卵形成が認められたため（図6・6）、今後継続して調査したいと考えている。しかし、A地点で採取したアサリについて産卵誘発を行ったところ雄雌ともに放精および放卵を行い、受精させた後の発生も正常であったので、今回観察された生殖異常は生殖機能が失われるほどではないのではないかと考えられた。

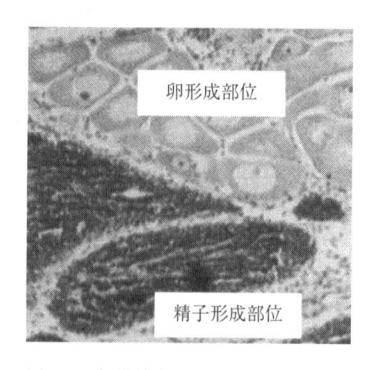

図6・6 組織検査によって確認されたアサリの生殖腺異常（精子形成部位と卵形成部位が共存している）

遺伝的性と表現型の性が一致しない個体の割合は、A地点では雄雌ともに、B地点では雄でC地点よりも有意に高かった（図6・7）。このことから、A地点では雌雄ともに、B地点では雄で生殖腺異常や性転換が起こるリスクが高いのではないかと推測されたが、ミトコンドリアを用いて判定した遺伝的性と実際に形成される配偶子の関係については今後さらに検討する必要があると思われる。

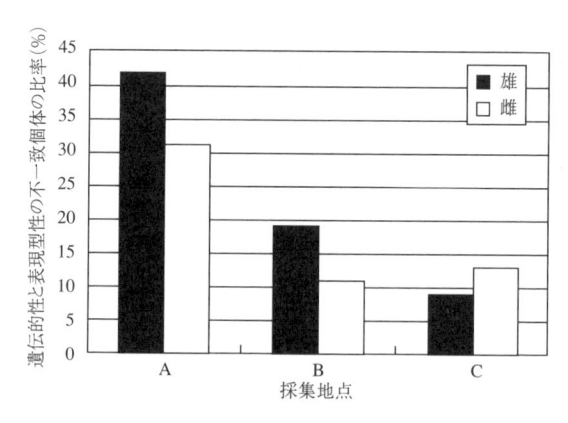

図6・7 2002年東京湾影響実態調査時に採取したアサリの遺伝的性と表現型性の不一致個体数の割合

アサリの精巣卵に関する報告はほとんどなく，あっても数値ではなく，「ごく稀」という記述にとどまることが多い[6]．辻ら[7]は，舞鶴湾内で周年にわたってアサリの生殖巣の組織学的手法による観察を行っており，精巣卵を保有する個体は0.4％程度であったと報告している．これらのことから，通常アサリには精巣卵はほとんど認められないと考えてよいと思われるため，今回のA地点のような場については今後，さらに検体数を増すとともに，詳細に調査する必要があるのではないかと考えられる．

今回，A地点で精巣から卵成分が高率で検出された要因には，調べた3地点の中で，周辺に下水処理場が最も多く，また，堆積物中のOPやNPが最も高かったことから，都市由来の排水が滞留しやすい場所であるからではないかと考えられる．しかし，E_2だけで見てみると，この地点の海水中の濃度は2 ng/L以下であり，先の曝露実験結果と比較して極めて低い濃度であり，E_2単独で精巣卵が形成されたとは考えられないことから，その他の原因についても検討する必要がある．また，海水だけでなく底質に含まれる物質が影響している可能性もあり，底質がアサリに及ぼす毒性影響を調べる手法[8]を用いて原因物質を検索する必要がある．さらに，アサリは懸濁物食者であり，波浪などによって巻き上がった底質やデトリタスを直接取り込むので，経口的に取り込まれる化学物質などの影響についても考慮すべきであろう．

今後さらなる調査が必要ではあるが，以上の実態調査結果から，エストロゲン様EDCsのアサリに対する影響は，都市排水や下水処理場排水の影響を受けやすい大都市近傍の一部の水域に限定されるのではないかと推測される．

(浜口昌巳・薄　浩則)

文　献

1) Sumpter, J. R. and Jobling, S. (1995): *Environ. Health Perspect.*, 103. Suppl.7, 173-178.
2) Matsumoto,T. *et al.* (2003): *Zool. Sci.*, 20, 37-42.
3) Zouros E. *et al.* (1994): *Proc. Natl. Acad. Sci. USA*, 91, 7463-7467.
4) Passamonti,M. *et al.* (2003): *Genetics*, 164, 603-611.
5) Dalziel and Stewart (2002): *Genome*, 45, 348-355.
6) 宮崎一老 (1934):水産学会報, 6 (2), 71-75.
7) 辻　秀二ら (1994):京都府海洋センター報告書, 1-9.
8) Coughlan B. M. *et al.* (2002): *Mar. Pollut. Bull.*, 44, 1359-1365.

IV. 水産生物に対する影響と作用機構

⑦ 動物プランクトンに対する影響と作用機構

　高等動物の内分泌をかく乱する物質は，水界の二次生産を担う甲殻類など無脊椎動物に分類される動物プランクトンの生活史にも影響を与えることが報告されている[1]．天然に生息する動物プランクトン群集で，内分泌かく乱に基づくと考えられる，雌雄の両者の特徴を備えた間性などの異常現象を報告した例は，甲殻類プランクトンで数例見られる程度にすぎないが[2-4]，室内実験を通じて，動物プランクトンの生殖にも影響を与えることを明らかにした研究結果が，近年，発表されるようになってきた[1]．特に，淡水産のミジンコ類，カイアシ類およびワムシ類を対象とした検討例が主で，成長（特に性成熟に至るまでの速度），脱皮，性決定に影響を与える物質の存在が明らかになっている[5-11]．しかし，淡水域の動物プランクトンに比べて，海産動物プランクトンを実験材料に用いた研究実施例は少ない．

　筆者の研究室では，魚介類の幼生飼育時に餌料となる動物プランクトンについて研究を行っており，いくつかの種類では培養技法を確立して継代培養してきたほか，生活史に見られる生物機能について多くの知見をすでに得ている[12]．なかでもカイアシ類 *Tigriopus japonicus*，ミジンコ類 *Diaphanosoma celebensis*，ワムシ類 *Brachionus plicatilis*（図7・1）については，これら3種が属する分類群は水界生態系に広く分布して低次生態系の構成員として重要な位置を占めているのみならず，いずれも0.2〜1.0 mm程度の大きさであり，狭いスペースでも比較的容易に飼育できる．またハンドリングなどの物理的ストレスにも比較的強いので，実験条件の影響を検出しやすいなど，飼育実験とアッセイ系開発が比較的容易な海産または汽水産の種類である．さらに上記3種は出生したのち成熟して子孫を得るまでの日数（世代時間）が2〜12日程度と短いため，生活環全体への影響や複数世代にまたがる影響を短時間で評価できるという特徴がある．

　3種のうちワムシ類は，生活環の中に単性世代と両性世代をもっており，単

114　IV. 水産生物に対する影響と作用機構

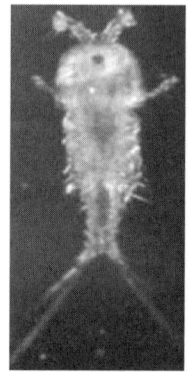

　　カイアシ類　　　　　ミジンコ類　　　　　　ワムシ類
　Tigriopus japonicus　Diaphanosoma celebensis　Brachionus plicatilis

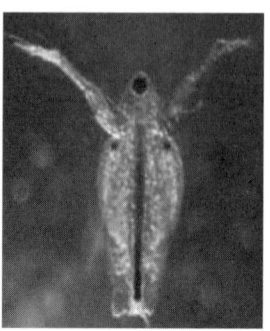

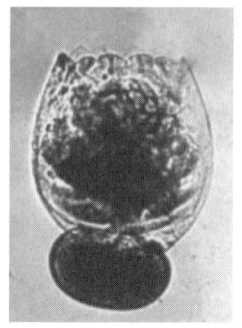

図7・1　海産動物プランクトン

性世代では雌単独による単為生殖で雌を生じるが，両性世代では減数分裂によって生じた雄との交尾受精を経て耐久卵を形成する（後述，図7・7参照）．このようにワムシ類の生活環は複雑であるが故に，生殖に関するパラメータも多く存在し，他の生物種では得られないような知見を求めることができる可能性がある．ミジンコ類についてもワムシ類に類似した生活環が知られているが，本研究で用いたD. celebensisでは雄の存在や耐久卵形成などの両性世代に不明の点が多い．ここで紹介する研究では，本種の培養塩分を20‰以上としたが，そこでは単性生殖のみが観察される[13]．一方カイアシ類は雌雄間の有性生殖で繁殖する．

　ここでは，これらの3種を実験材料とし，高等動物の内分泌をかく乱することが知られている物質が，動物プランクトンの生殖に対してどのような影響を与えるのかを，飼育実験によって検討するとともに，個体レベルでの作用機構を明らかにしてきた研究経過について紹介する．

§1. 各種化学物質の急性毒性

　動物プランクトンはサイズが小さいこともあって，内分泌学的研究が大きく立ち遅れている生物群である．内分泌かく乱という現象が存在するかどうかについても直接的な証拠を示した具体的な報告例は見当たらない．したがって，

ある化学物質が動物プランクトンの生殖に影響を与えたとしても,急性毒性ないしは慢性的な毒性作用と内分泌かく乱作用とを明確に区別して論じることは難しい.筆者らの研究グループではまず,高等動物の内分泌かく乱物質の各種動物プランクトンに対する24時間急性毒性濃度（LC_{50}値,24時間後に半数の個体が死亡する濃度）を求めた.求められたLC_{50}値よりもかなり低い濃度下での曝露実験を行えば,少なくとも急性毒性による影響を除外して検討することが可能となる.

上記の動物プランクトン3種を水温25℃,塩分25‰で培養し,各々12種の化学物質の影響を求めた.実験に用いた化学物質は,天然ホルモン2種（17β-エストラジオール（E_2）,テストステロン）,エストロゲン様物質3種（ビスフェノールA（BPA）,ノニルフェノール（NP）,オクチルフェノール（OP））,殺虫剤6種（メトプレン,ダイアジノン,イソプロチオラン,ピロキロン,フェニトロチオン,イプロベンフォス）および除草剤1種（メフェナセット）の計12種である.上記のうち,メトプレンについては幼若ホルモン受容体のアゴニストであることが知られている.これらを0.001％のDMSOを溶剤として（0.001％ DMSOが実験動物に影響を与えることはなかった）[14]実験海水に溶解し,1 μg / L～50 mg / Lに調整したのち,無給餌下で24時間LC_{50}値）を求めた（表7・1）.その結果,ワムシでは,多くの化学物質のLC_{50}値が50 mg / L以上で,いずれの化学物質に対しても強い耐性を示したのに対し,カイアシ類

表7・1 各種化学物質の24時間LC_{50}（mg / L）

化学物質	試験動物		
	コペポーダ	ミジンコ	ワムシ
テストステロン	≧50	≧50	≧50
17β-エストラジオール	3.5	10.4	≧50
ビスフェノールA	4.8	10.4	10.9
ノニルフェノール	0.5	0.6	0.7
オクチルフェノール	0.6	1.6	1.4
メトプレン	2.5	5.1	≧50
ダイアジノン	8.3	0.03	28.6
イソプロチオラン	45	26.6	≧50
ピロキロン	≧50	35.1	≧50
フェニトロチオン	≧50	0.004	≧50
イプロベンフォス	8.7	13.9	≧50
メフェナセット	30.4	23	≧50

とミジンコ類の耐性は低く，LC_{50} 値の最小値はそれぞれ0.52 mg / L（NP）および0.004 mg / L（フェニトロチオン）となった[15]．

このようにして求めた急性毒性値の1/4以下の濃度では，動物プランクトンを飼育しても生死に関わる直接的な影響が見られることはほとんどない．そこで，そのような低濃度曝露下での飼育実験を継続し，対象種の生残には影響を与えないが生殖に関連した特性値に影響を与えることがあるのかどうか，すなわち高等動物で報告されている内分泌かく乱に類似した現象が見られるかどうかについて検討を行った．

§2. カイアシ類

前述の化学物質12種を LC_{50} 値の1/4以下の濃度でカイアシ類 *T. japonicus* に曝露し，発達速度（出生後ノープリウス幼生からコペポダイト幼生への変態に至るまでの時間，および成熟して受精卵を携卵するまでの時間），産仔数，性比に与える影響を求めた[15]．その結果，多くの化学物質では，発達速度に与える影響が最も大きく，E_2 の曝露では影響が見られなかったが，エストロゲン様物質のNP, OPおよびBPAが各々1.0, 0.1, 0.1 μg / Lの濃度以上で存在した場合（LOEC = Lowest Observed Effect Concentration），成熟を遅延させる現象が見られた．一方，100 μg / Lの E_2 濃度下で飼育した場合，雌のカイアシ類1尾当たりの産卵数が増大することがわかった（図7・2）．他の化学物質に曝露した場合には，逆に産卵数が減少するケースが多かった．

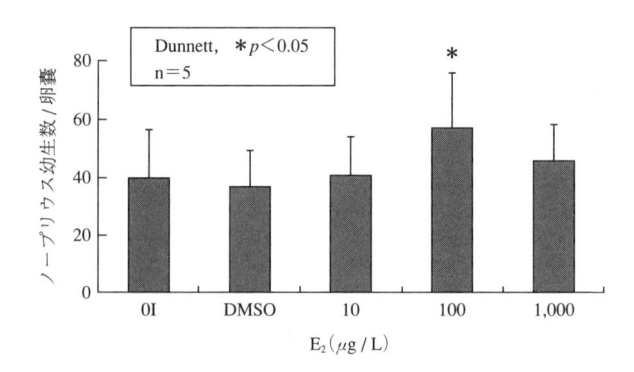

図7・2　17β-エストラジオール曝露下で培養した *Tigriopus japonicus*（雌）が産出する卵嚢から孵化したノープリウス幼生数

また，メフェナセットとイソプロチオランの曝露では雄の割合が増加することがわかった[15]．このときの一例として，異なる濃度でメフェナセットを T. japonicus の飼育水に添加したとき，性比がどのように変化したか図7・3に示す．化学物質を添加していない海水中（対照）では T. japonicus 個体群内の性比はほぼ1：1だったが，飼育水中にメフェナセットが500～700 μg / L 存在すると（このような高濃度での存在は天然水域では報告されていない）雌になる個体が減って雄が増えることがわかる．T. japonicus の生死に影響を与える濃度は1,000 μg / L 以上であり（図7・3），この条件では雄の割合が減少したことから，雌より雄の方がメフェナセットの毒性の影響を受けやすいのではないかと推察された．

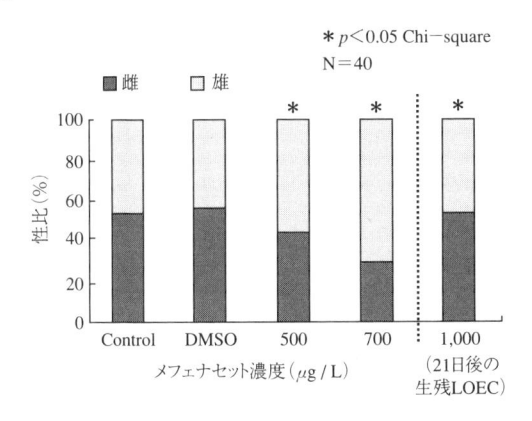

図7・3　メフェナセット曝露下で培養した Tigriopus japonicus の性比の変化

さらに E_2 と前述の3種のエストロゲン様物質を用いて，天然域で検出されるレベルの濃度下で2世代にわたって T. japonicus の培養を行った[16]．化学物質を溶存させた海水中で飼育した親世代（P）では，いずれの物質の場合にも発達が遅延した．同様の影響が次世代（F_1）に対しても見られ，その影響は親世代に対するものよりもさらに顕著であった．一例として E_2 と NP の場合を図7・4に示す．F_1 は卵から孵化した後，すぐに別の培養器に移したので，化学物質の曝露下で飼育を行っていない．それにもかかわらず，このような影響が現れたことから，母親個体への曝露によって成熟，受精，卵形成，卵発生などのプロセスに対する作用が強いものであったために，母個体が産出した受精卵の卵

質が低下し，その卵からの孵化個体の性成熟に悪影響を与えたものと推察された．

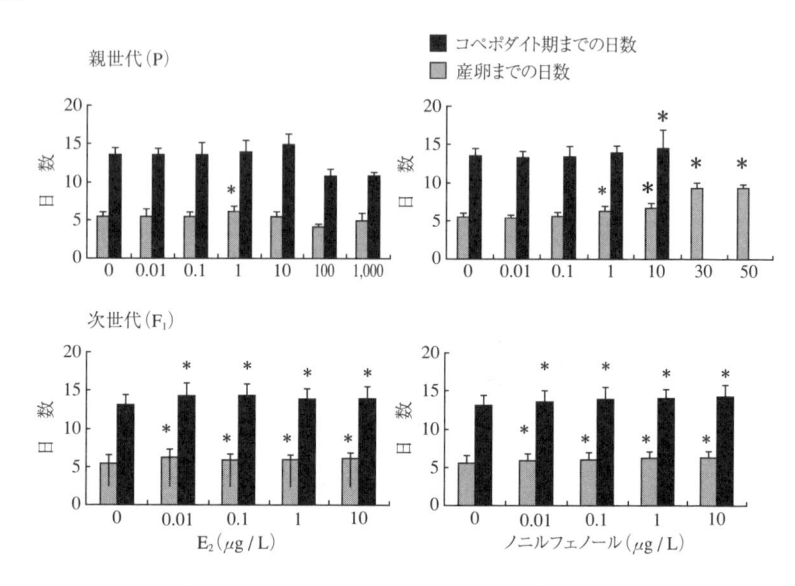

図7・4 17β-エストラジオール（E_2）とノニルフェノールの曝露下で Tigriopus japonicus を2世代にわたって培養したときの変態期までの日数（出生後ノープリウス幼生を経てコペポダイトI期幼生にいたるまで）と初産卵までの日数
$*p < 0.05$, Dunett テスト（$n = 20 \sim 60$）．

§3. ミジンコ類の生殖特性に与える影響

実験材料に用いた D. celebensis はマレーシアやタイなどの汽水域に分布する種類である[17]．本研究では，親世代を化学物質（E_2 と前述の3種のエストロゲン様物質およびメトプレン）に曝露した時に，直接曝露していない子孫の世代の生殖特性（産仔数，世代時間）にどのような影響を与えるかについて検討するため，合計4世代にわたる培養実験を行った[18]．その結果，親世代のミジンコを 10 μg/L 以上の E_2 曝露下（天然水域で報告されている濃度は 2 μg/L 以下）で培養すると世代時間が短縮し，産仔数が対照に比較して増大する現象が見られた（図7・5）．同様の現象が化学物質に直接曝露していない F_1 と F_2 でも見られた．産仔数の増加はカイアシ類の場合とは異なり NP に曝露した親世代

に対しても見られたが，F_1以降に対してはそのような影響はなかった．また BPAはミジンコの生殖特性に影響を与えなかったが，OPは100 μg / L 以上の濃度（図7・6），メトプレンについては10 μg / L 以上でミジンコの成熟を遅延させるとともに産仔数を減少させた．

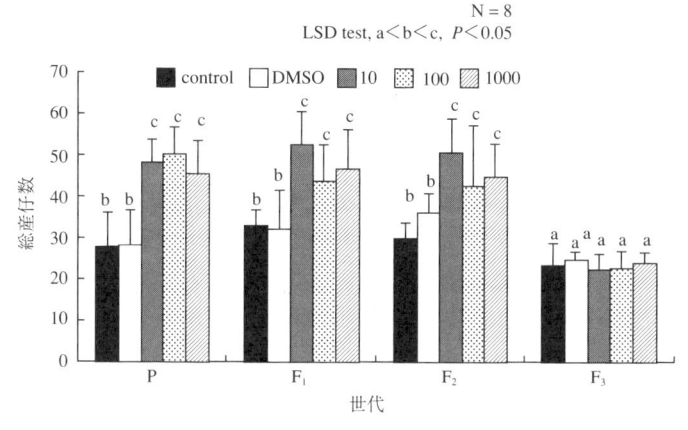

図7・5　*Diaphanosoma celebensis*の生涯産仔数
親世代（P）のみをE_2曝露下（0～1,000 μg / L）で培養し，親世代およびそれに由来する3世代（F_1～F_3）の産仔数を示す．

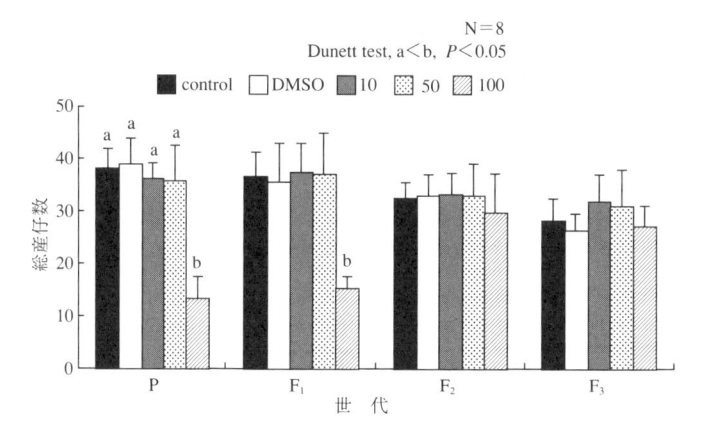

図7・6　オクチルフェノール曝露下（0～100 μg / L）で培養した*Diaphanosoma celebensis*の生涯産仔数
親世代（P）のみを化学物質曝露下（0～1,000 μg / L）で培養し，親世代およびそれに由来する3世代（F_1～F_3）の産仔数を示す．

以上から，脊椎動物のステロイドホルモンが，ミジンコ類の生殖に対しても促進的に作用することが明らかとなった．特にE_2の存在下では，ミジンコは出生したのち短期間で成熟するとともに，産仔数も増大し，その傾向はE_2に曝露していない以後の3世代についても継続的に観察されたことは特に興味深く思われた．同じ甲殻類のカイアシ類の場合，E_2曝露では成熟の促進は見られなかったが，産卵数の増大がミジンコと同様に観察されている．

ところでコイやキンギョの仔魚飼育時には，タマミジンコなど淡水種のミジンコを給餌しているが，このときミジンコの培養池には鶏糞やその水抽出物などを供給することが古くから伝統的に行われている．一般的には，鶏糞に由来する窒素，リンなどの栄養塩類によってミジンコのエサとなる植物プランクトンが池内に繁茂しやすくなるものと解釈されてきたのではないかと思う．しかし，最近の筆者らの研究から鶏糞抽出物そのものの添加がミジンコの増殖を促進させる作用のあることが明らかとなった．鶏糞抽出物の分析結果は，その中にE_2などの天然ホルモンが存在することを示唆している（萩原ら，未発表）．天然由来の環境ホルモンの作用を利用した餌料培養と養魚というものが古くから伝統的に行われてきたらしい．

§4. ワムシ類に対する作用

ワムシは輪形動物門に分類される．ミジンコと同様に雄とは関係なしに雌が単独で産卵し（減数分裂を伴わない単性生殖），親と遺伝的に等しい雌を生じる．遺伝的条件や環境条件によっては減数分裂を起こす母ワムシが出現して雄を生じ，交尾，受精を経て悪条件下で休眠する耐久卵を生じる（図7・7）．体制は単純で，遊泳と摂餌に関わる繊毛冠，咀嚼器，消化管と大きな卵黄腺を有している．細胞数は800に満たない生物である．本分類群の内分泌については全く知見がないが，筆者らは，高等動物で知られている各種ホルモンや神経伝達物質をワムシ培養海水中に添加することにより，一般に内分泌支配にあると考えられる生殖関連のエンドポイントに影響を与える例があることを見いだしている[19, 20]（表7・2）．ワムシは内分泌かく乱の可能性のある化学物質が高濃度で水中に存在した場合，3種の動物プランクトンの中ではその毒性の影響を最も受けにくい種類であった．12種類の物質の中では比較的低濃度で毒性を示したダイアジノンを用い，さらに低い濃度下でワムシを曝露したとき，ワム

シの生殖に与える影響を求めた．表7・3にその結果を示す．ワムシは上述のように雌が雌を生じる単性生殖と，最終産物として耐久卵を生じる両性生殖とを生活環の中にもち，生殖に関連する多くのパラメータが生活環の中に見られることから，これをエンドポイントとした実験を行った．その結果，50％の個体

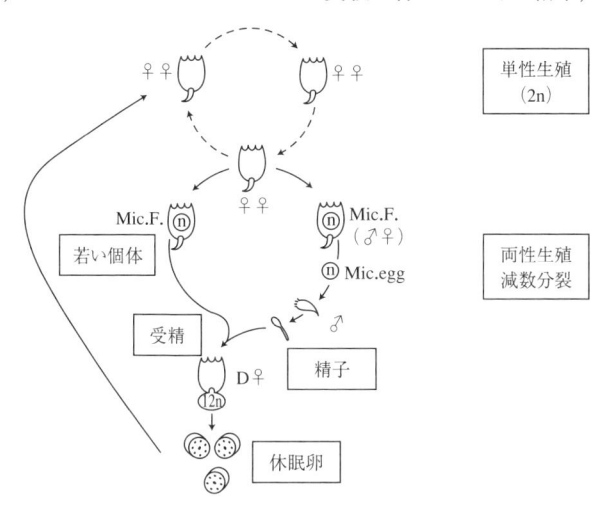

図7・7　ワムシの生活環（♀♀＝単性生殖雌，♂♀，D♀＝両性生殖雌）

表7・2　各種ホルモンや神経伝達物質の投与がワムシの生殖に与える影響

ホルモン種	個体群増殖	両性生殖誘導
GH	↑	↑
GABA	↑	↑
5-HT	↑	↑
JH	—	↑
HCG	↑	—
E_2	—	↑
20-HE	—	↑
T_3	—	↓

上記ホルモンの投与により，無投与に比較して，ワムシ生殖の促進（↑）と阻害（↓）が起こったことを示す．—，影響なし．GH，ブタ成長ホルモン；GABA，γアミノ酪酸；5-HT，セロトニン；JH，幼若ホルモン；HCG，ヒト胎盤性生殖腺刺激ホルモン；E_2，17β-エストラジオール；20-HE，20-ヒドロキシエクジソン；T_3，トリヨードチロニン

表7・3　ダイアジノンに曝露したワムシのEC_{50}

生殖関連の特性値	EC_{50}（mg／L）
個体群増殖	1.53
初産卵までの時間（h）	1.28
初産仔までの時間（h）	1.24
産卵数	1.28
単性生殖	1.44
両性生殖	1.26
産仔期間	1.52
寿命	1.62
耐久卵孵化率（％）	0.60

に影響を与える濃度（EC_{50}）は，パラメータごとに異なることがわかり，単性生殖に関わる部分よりも，両性生殖に関わる生殖特性値に強い影響を与えることがわかった．両性生殖の過程の中でも，受精と耐久卵の孵化に強い抑制的影響が見られた[14, 21]．このことは，化学物質の生物に対する毒性というものは生活環全体への影響を通じて評価することが重要であることを示唆している．例えばワムシの生活環の中では耐久卵の形成はほんの短期間しか現れないイベントではあるが，耐久卵として底泥中で休眠し，シーズンとシーズンの繋ぎの大切な役割を果たしている．

ミジンコでは環境の悪化を個体が感知して，耐久卵形成が誘導されると言われている．ワムシについても同様のことが起こると紹介している成書もあるが，実際にはワムシの耐久卵はワムシの生理活性が最も高い時に形成される[22-24]．上述のようにワムシの生活環の中で化学物質曝露の影響を受けやすいのは耐久卵形成と孵化のステージであり，このことからも耐久卵がワムシにとって良好な環境下でのみ形成されることが説明できるであろう．

天然エストロゲンと各種エストロゲン様物質の曝露実験を通じ，ワムシ生活史の中で，受精のプロセスが影響を最も受けやすいことがわかった．また各種殺虫剤の曝露実験を実施したところ，耐久卵が休眠現象を示す前のステージで曝露すると以後の孵化を著しく阻害した．休眠状態にある耐久卵は化学物質曝露に対して強い抵抗性を示すが，受精後，胚発生の初期段階にある耐久卵の抵抗性は極めて弱いことがわかった．

高等動物の内分泌をかく乱することが知られている化学物質は，動物プランクトンの生活環で見られる諸現象に対しても影響を与えることがわかった．生活環の一部のみの観察では，全く正常に生活しているように見える場合でも，個体レベルでの培養系を導入することにより，発達速度，性比，受精卵の孵化などに変化の生じていることが明らかになった．すなわち高等動物の内分泌をかく乱する物質は，動物プランクトンに対しても類似した形で影響を与えることがわかった．本研究に用いた動物プランクトン種の内分泌システムの存在やそのかく乱状況については，これまで直接的な証拠はほとんど得られていないが，最近になってミジンコ類やカイアシ類のビテロジェニンの分離や測定が可能になり[25, 26]，今後この分野の研究が分子生物学的な手法導入によって大きく発展していくものと期待される．

本研究で扱った化学物質が水中に存在することにより，水界生態系を構成す

る様々な栄養段階の動物群の生活環に影響を与えるとともに,水界の生産性や種多様性にも影響を与える可能性が示唆された．そして，これらの影響は直接曝露した個体のみならずその子孫にも影響を与える例も見いだされたことから，短期間の化学物質曝露でも長期にわたる生殖特性の変化を生じる可能性のあることが明らかとなった．また，本研究で用いた3種の動物プランクトンは，水界生態系に与える影響評価を行う上で実用的な試験動物となり得ることも本研究を通じて示されてきたことである．

(萩原篤志)

文　献

1) Defur P. L. *et al.*(1999)：Endocrine disruption in invertebrates: endocrinology, testing, and assessment, SETAC, 320 pp.
2) Moore C. G. and Stevenson J. M. (1994)：*J. Natural History*, 28, 1213-1230
3) 奥村卓二(2000)：水産環境における内分泌攪乱物質（環境ホルモン）問題の現状と課題，恒星社厚生閣, pp.109-119.
4) Yamashita Y. *et al.* (2001)：*Plankton Biology Ecology*, 48, 128-132
5) Shurin J. B. and Dodson S. I. (1997)：*Environ. Toxicol. Chem.*, 16, 1269-1276
6) Zhou E. and Fingerman M. (1997)：*Ecotoxicol. Environ. Safety*, 38, 281-285
7) Leblanc G. A. and Mclachlan J. B. (1999)：*Environ. Toxicol. Chem.*, 18, 1450-1455
8) Dodson S. I. (1999)：*Environ. Toxicol. Chem*, 18, 1568-1573
9) Hutchinson T. H. *et al.* (1999)：*Environ. Toxicol. Chem.*, 18, 2914-2920
10) Bechmann R. K. (1999)：*Sci. Tot. Environ.*, 233, 33-46
11) Preston B. L. *et al.* (2000)：*Environ. Toxicol. Chem.*, 19, 2923-2928
12) http://www.fish.nagasaki-u.ac.jp/FISH/kyoukan/hagiwara/aquac/index.htm
13) Hagiwara A. *et al.* (1995)：*Fisheries Science*, 61, 623-627
14) Marcia H. S. *et al.* (2002)：*Fisheries Science*, 68 (suppl. I), 863-866.
15) Marcial H. S. (2004)：長崎大学大学院生産科学研究科・博士学位論文, 101p.
16) Marcial H. S. *et al.* (2003)：*Environ. Toxicol. Chem.*, 22, 3025-3030.
17) 瀬川　進・Yang W. T. (1988)：日本プランクトン学会報, 35 (1), 67-73.
18) Marcial H. S. and Hagiwara, A. : Aquatic Toxicology（投稿中）
19) 萩原篤志(2000)：水産環境における内分泌攪乱物質（環境ホルモン）問題の現状と課題，恒星社厚生閣, pp.120-129.
20) 萩原篤志(2004)：化学と生物 42 (9), 591-595.
21) Marcial H. S. *et al.* (2005)：*Hydrobiologia*, 546, 569-575.
22) 萩原篤志(1995)：さいばい, 75, 27-30.
23) 萩原篤志(1996)：栽培技研, 24 (2), 109-120.
24) 萩原篤志(2001)：アクアネット, 4, 50-53.
25) Kato Y. *et al.* (2004)：*Gene*, 334, 157-165.
26) Volz D. C. and Chandler G.T. (2004)：*Environ. Toxicol. Chem.*, 23 (2), 298-305.

⑧ 魚類の生殖内分泌系における作用機構

　内分泌かく乱物質は，魚類を含む多くの生物の生理機能に種々の影響を与える．その中でも，特に生殖現象に与える影響は，生殖現象が子孫を残すための最も重要な生理機能であることから，内分泌かく乱物質の作用として当初から注目されてきた．魚類の生殖に及ぼす内分泌かく乱物質の影響に関するこれまでの調査・研究により，イギリスの下水処理場の排水が流入する河川で発見された雌雄同体のローチ（コイ科魚類），漂白クラフト紙工場の排水により雄の尻鰭をもつ雌カダヤシおよび性ステロイドホルモンの低下や成熟の遅延が観察されたホワイトサッカーやレイクホワイトフィッシュなど生殖異常を示す現象が報告されている[1]．日本でも多摩川の下水処理場下流に生息していたコイの精巣の矮小化や形態異常が報告され[2]，内分泌かく乱物質によりメダカの産卵頻度が低下することも実験的に証明されている[3]．このような魚類で見られる生殖異常は，内分泌かく乱物質の定義にもあるように，内分泌かく乱物質が魚類の生殖を制御している生殖内分泌機構に影響を及ぼし生じたことは明白である．しかしながら，内分泌かく乱物質が魚類の生殖内分泌機構のどこに，どのようにして作用し，正常な生殖内分泌機構をかく乱しているかについての報告，特にエストロゲン様化学物質に関する報告は多くない．また，水産上重要な海産魚に関する知見はほとんどない．ここでは，本プロジェクトで行われたマダイの生殖内分泌機構に及ぼすエストロゲン様化学物質の研究成果を中心に，魚類の生殖内分泌系に及ぼす種々の化学物質の作用機構について述べる．

§1. 魚類の生殖内分泌機構

　内分泌かく乱物質が魚類の生殖内分泌機構に与える影響について述べる前に，魚類の生殖内分泌機構がどのようなものであるのかについて述べておく必要があろう[4]．魚類は実験動物として使いやすいため多くの研究に用いられ，サケ科魚類やコイ科魚類などを中心に生殖内分泌機構に関する研究がこの20年の間に急速に進展した．また，最近は，フグ，メダカおよびゼブラフィッシュでゲノム構造の解析が進んだことから，今後さらにこの分野での進展が期待

されている．

　魚類の生殖内分泌機構の主要な経路（視床下部－脳下垂体－生殖腺系）は，哺乳類を含むその他の脊椎動物と基本的には同じと考えてよい（図8・1）．しかし，魚類の生息環境は変化に富んでおり，浅くて明るい淡水環境の河川から深くて暗い深海まで広く，さらに冷水にすむサケ科魚類から高水温域に生息する魚まで温度に対する適応範囲も広い．このような異なる生息環境は魚類の繁殖戦略にも影響を及ぼし，低水温・短日条件下で秋に産卵するサケ科魚類や水温上昇や長日化により春に産卵するコイ科魚類やマダイを初めとする多くの海産魚などさまざまな繁殖形態を示す．このため，生殖内分泌機構の主要な経路は同じでも魚種により仔細な点において，さまざまなバリエーションがあることを認識しておかなければならない．

　環境因子（光や水温）の情報は松果体，目，脳などを通して生体内に入り（図8・1），内分泌中枢である視床下部に伝わる．視床下部では，生殖腺刺激ホルモン放出ホルモン（GnRH）が産生され，これが脳下垂体の生殖腺刺激ホルモン産生細胞に作用して，生殖腺刺激ホルモン（GTH）を合成・分泌させる．次に，GTHは生殖腺に作用して，雄の精巣では雄性ホルモンが，雌の卵巣では雌性

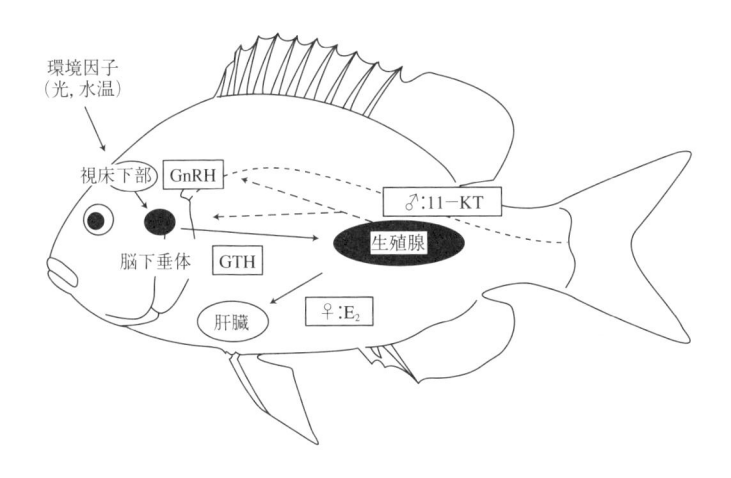

図8・1　魚類の生殖内分泌機構
光や水温などの環境因子は，視床下部－脳下垂体－生殖腺系という情報伝達機構（生殖内分泌機構）に変換され魚類の生殖を制御している．
GnRH，生殖腺刺激ホルモン放出ホルモン；GTH，生殖腺刺激ホルモン；E_2，エストラジオール；11-KT，11-ケトテストステロン．

ホルモンが生成される．このように，環境因子は視床下部（GnRH）－脳下垂体（GTH）－生殖腺（ステロイドホルモン）という情報伝達機構を介して魚類の配偶子（卵子や精子）形成を制御している．しかし，雄や雌の違いや生殖腺の発達段階の違いにより作用するホルモンの種類が異なる．すなわち，雌における卵子形成過程は卵母細胞が卵黄物質を蓄積して卵径を増加させる時期（成長期）と減数分裂を再開して受精可能になる時期（成熟期）に分けることができる（図8・2）．成長期には卵濾胞刺激ホルモン（FSH）が卵濾胞組織での17β-エストラジオール（E_2）の産生を介して卵黄物質の蓄積とそれに伴う成長を制御している．また，このとき，E_2は肝臓に作用して，卵黄タンパク前駆体（ビテロジェニン）の生成を促進し（図8・1，8・2），それが卵母細胞に取り込まれて卵母細胞が成長する．成熟期には黄体形成ホルモン（LH）により卵濾胞組織

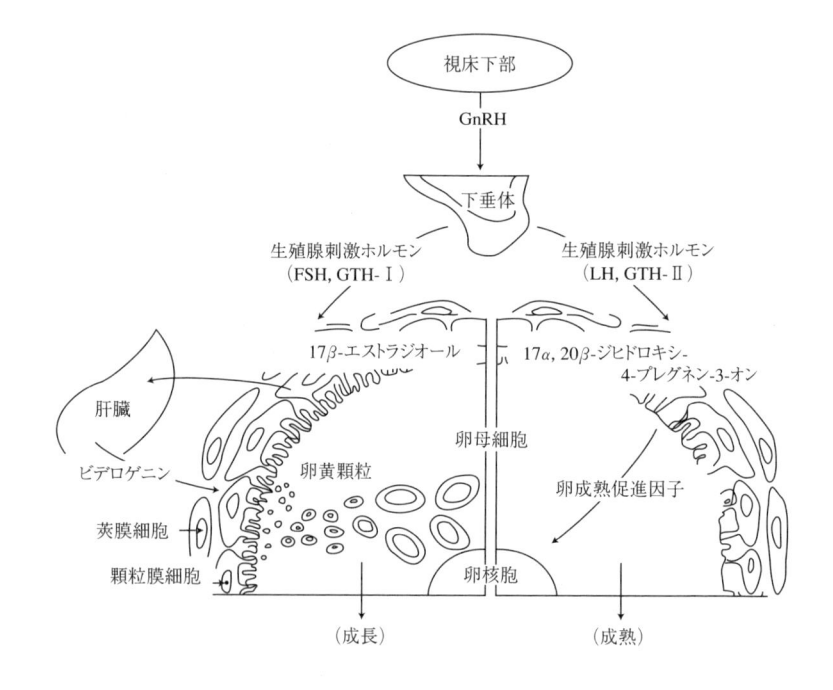

図8・2 魚類の卵子形成に関わる生殖内分泌機構（魚類のDNA，恒星社厚生閣，p.352, 図17-2を改変）
GnRH, 生殖腺刺激ホルモン放出ホルモン；FSH, 卵濾胞刺激ホルモン（GTH-Iとも呼ぶ）；LH, 黄体形成ホルモン（GTH-IIとも呼ぶ）．

でプロゲステロン系のステロイドホルモン（卵成熟誘起ステロイド，$17\alpha, 20\beta$-ジヒドロキシ-4-プレグネン-3-オンおよび$17\alpha, 20\beta, 21$-トリヒドロキシ-4-プレグネン-3-オンなど，図8・2, 8・4参照）が生成され，これが卵母細胞に作用して減数分裂を誘起し卵母細胞は受精可能となり排卵される（図8・2）．一方，雄の精子形成期にはFSHが精巣に作用して11-ケトテストステロン生成を介して精子形成に関与している（図8・3, 8・4）．また，精子成熟期にはLHにより精巣で$17\alpha, 20\beta$-ジヒドロキシ-4-プレグネン-3-オンが生成され，これが排精や精子運動能の獲得に関与している．さらに，GTHにより生殖腺で生成される雌性ホルモンや雄性ホルモンは，逆に視床下部－脳下垂体系に作用して（フィードバック作用）GnRHやGTHの生成を制御している（図8・1）．さらに，これ

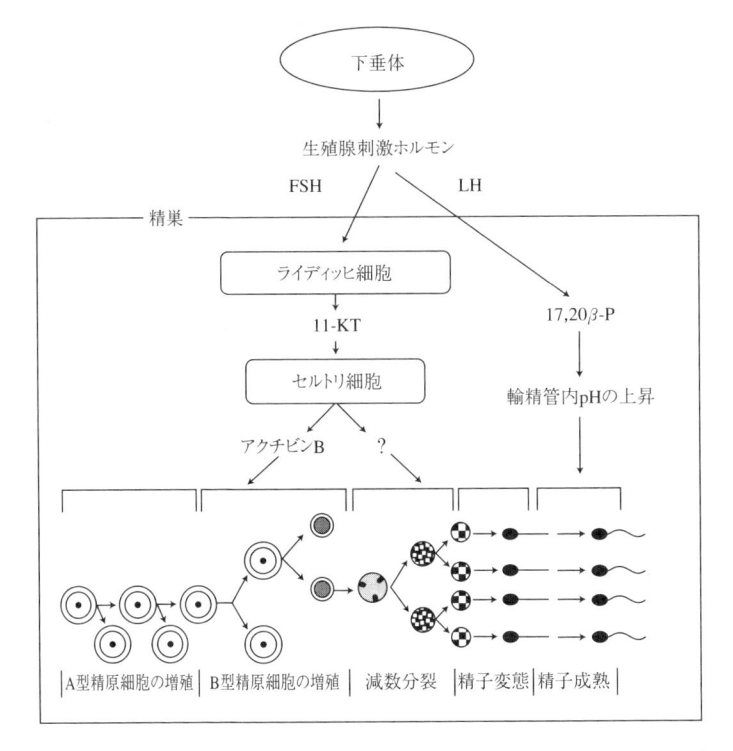

図8・3 魚類の精子形成に関わる生殖内分泌機構（魚類生理学の基礎，恒星社厚生閣, p.169, 図7・13を改変）
11-KT, 11-ケトテストステロン；17, 20β-P, $17\alpha, 20\beta$-ジヒドロキシ-4-プレグネン-3-オン.

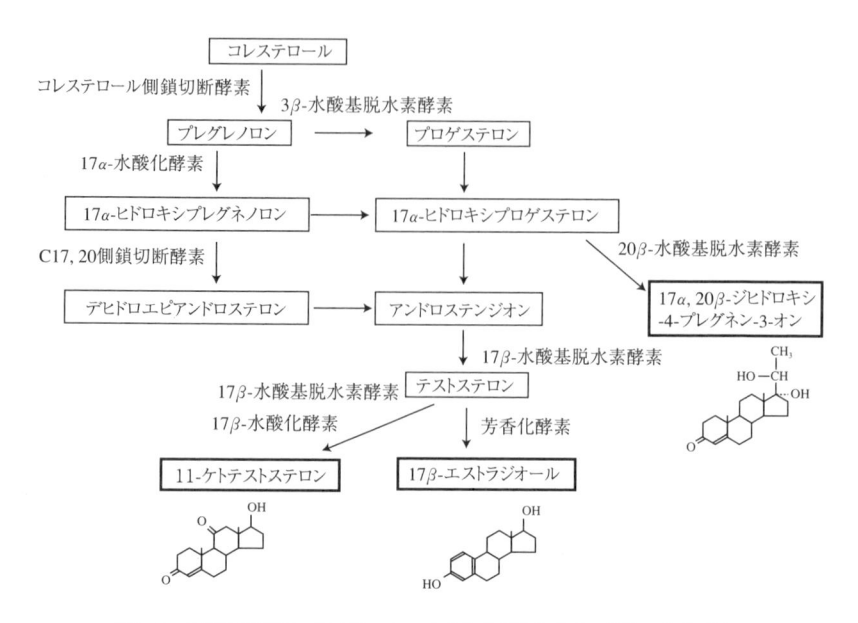

128　Ⅳ．水産生物に対する影響と作用機構

```
                            ┌─コレステロール─┐
     コレステロール側鎖切断酵素│   3β-水酸基脱水素酵素
                            ↓   
          ┌─プレグネノロン─┐→┌─プロゲステロン─┐
   17α-水酸化酵素│                   │17α-水酸化酵素
          ↓                          ↓
   ┌17α-ヒドロキシプレグネノロン┐→┌17α-ヒドロキシプロゲステロン┐
   C17,20側鎖切断酵素│                          │20β-水酸基脱水素酵素
          ↓                                     ↓
   ┌デヒドロエピアンドロステロン┐→┌アンドロステンジオン┐  ┌17α,20β-ジヒドロキシ
                                        │             -4-プレグネン-3-オン┐
                                        │17β-水酸基脱水素酵素
        17β-水酸基脱水素酵素│   ┌テストステロン┐
        17β-水酸化酵素│              │芳香化酵素
                  ↓                   ↓
         ┌11-ケトテストステロン┐  ┌17β-エストラジオール┐
```

図8・4　魚類の生殖腺におけるステロイド合成経路と合成に関わる転換酵素

らのステロイドホルモンは生殖腺の分化や繁殖行動および二次性徴の発現にも関与している．このように，魚類の配偶子形成においては，視床下部－脳下垂体－生殖腺系の内分泌機構が巧みに機能することによって卵子や精子が形成される．したがって，内分泌かく乱物質が魚類の生殖に影響を与えるとすると，これらの内分泌機構のどこかに作用して，本来の生殖内分泌機構をかく乱しているはずである．

　これまでの筆者らの研究や本プロジェクトで行ったマダイの生殖内分泌機構に関する実験から以下のようなことが明らかになった．視床下部で産生されるGnRHはアミノ酸10個からなるデカペプチドでこれまで多くの分子種が報告されているが，マダイの配偶子形成にかかわるGnRHはタイ型GnRH（sbGnRH）と呼ばれるものである[5]．また，マダイの脳下垂体の生殖腺刺激ホルモンには他魚種同様LH（GTH-II）とFSH（GTH-I）の2種類ある．本プロジェクトでは，これら2種類のGTHに共通のαサブユニット，およびLHβ，FSHβサブユニットの遺伝子をクローニングし，雌雄のマダイの成熟に伴うmRNAの発現動態を解析した[6]．その結果，αサブユニットは雌雄とも卵巣および精巣の発達に

伴って増加し，産卵期に最高値を示し，産卵期後には低下した．一方，LHβは雌雄ともに卵子および精子形成初期から産卵期にかけて高い値を示した．また，FSHβは雄では精子形成に伴い上昇し，産卵期に最高値を示し，産卵期後には低い値になった．しかし，雌におけるFSHβは成熟に伴う変化がほとんど認められず，産卵期も低いままであった．このように，マダイでは，LHβが雌雄ともに卵子・精子形成期の初期から比較的高い値を示すこと，FSHβが雌では成熟に伴って変化しないことが明らかになり，サケ科魚類のそれとは大きく異なることが明らかとなった．これまでの研究から，雌マダイでは卵母細胞の卵黄形成に伴う成長や成熟は主にLHにより制御されており，FSHの生理的な機能はいまだ不明のままである．

§2. 内分泌機構に及ぼす影響

2・1 視床下部

これまでの研究から，塩化水銀やメチル水銀などの重金属は生死には影響しない程度の量で，*Channa punctatus*（ライギョの類）の卵黄形成期の卵母細胞を退行させ，卵巣の発達を抑制する[7]．組織学的な研究から，水銀化合物を投与するとGnRHが存在する視束前核の神経細胞体に核濃縮や核壊死が見られることから，水銀はGnRHニューロンに作用してGnRHの分泌を抑制し，脳下垂体でのGTHや卵巣でのステロイドホルモン合成が抑制されて，卵母細胞の発達が阻害されたと考えられる[8]．また，マラソン，アルドリン，カルバリルなどの農薬はナマズやボラの視床下部のGnRHの産生に影響している可能性が指摘されている．しかし，これまで，視床下部のGnRH生成に対する内分泌かく乱物質の影響についての報告はほとんどない．

そこで筆者らは，雄マダイの視床下部GnRH生成に及ぼす内分泌かく乱物質の影響を明らかにするための実験を行った．精子形成開始期の雄マダイにE_2またはエチニルエストラジオール（EE_2）を投与すると，精巣の発達が抑制されることが明らとなった（図8・5，実験の詳細は精巣のところを参照）．これらの雄マダイの視床下部に存在するタイ型GnRH（sbGnRH）前駆体遺伝子の発現量を測定したところ，E_2またはEE_2を投与したマダイの脳内のsbGnRH mRNA量は対照群と比較して変化は見られなかった（図8・6A）．このことから，E_2またはEE_2はマダイのsbGnRHの産生には影響を及ぼさないことが判明した．ま

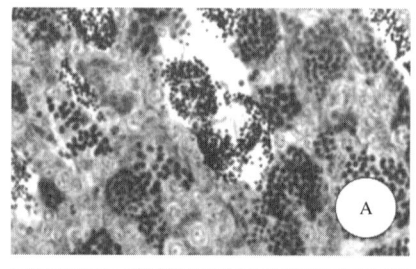

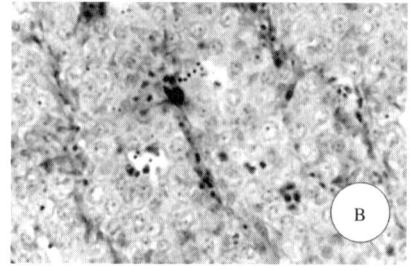

130 IV. 水産生物に対する影響と作用機構

図8・5 エストラジオール投与が雄マダイの精子形成に及ぼす影響
(A) 対照群；種々の発達段階の生殖細胞が存在する．(B) エストラジオール投与群；精子形成が抑制され，精原細胞が多くの部分を占めている．

たこの結果は，エストロゲン様化学物質は視床下部以外の内分泌機構に影響を及ぼして，精巣の発達を抑制した可能性があることを示している．さらに，精子形成期の雄マダイにシリコンチューブを用いてE_2を徐放的に投与しても，産卵期の雄マダイにEE_2および NP を高濃度投与しても，脳内の sbGnRH mRNA 量に変化は見られなかった．このことは，高濃度でも，さらに異なる性成熟の時期（精子形成期や産卵期）でも，これらのエストロゲン様化学物質は雄マダイの視床下部での GnRH 産生には影響を及ぼさないことを示している．したがって，重金属や農薬と異なり，エストロゲン様化学物質と呼ばれる NP や EE_2 などは，

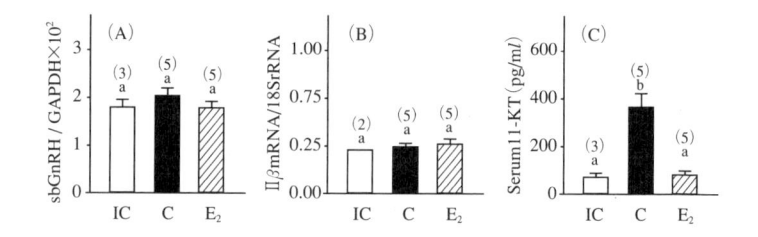

図8・6 エストラジオール (E_2) 投与が精子形成開始期の雄マダイの生殖腺刺激ホルモン放出ホルモン (sbGnRH) 前駆体遺伝子 (A)，生殖腺刺激ホルモンサブユニット遺伝子 (GTH-II β) (B) および血中 11-ケトテストステロン量 (11-KT) (C) に及ぼす影響
IC, 開始時対照群；C, 対照群；E_2, エストラジオール投与群．異なるアルファベットは統計的有意差があることを示す．括弧内の数字は個体数を示す．

少なくとも用いた濃度の範囲内では，GnRHの遺伝子発現には影響を及ぼさないものと思われる．

2・2 脳下垂体

アメリカンフラッグフィッシュ（*Jordanella floridae*，コイ科魚類）を受精後から孵化までの間，シアン化合物に曝露した例では，脳下垂体の大きさが正常のものと比較して小さくなり，性成熟の遅延や産卵数の減少が認められている[7]．また，ティラピアやニジマスやナマズの成魚で，DDTやエンドスルファンなどの有機塩素化合物（1 mg/L以下）やマラチオンやマラソンなどの有機リン系農薬（数十mg/L）および，シアン化合物などの農薬が脳下垂体のGTH細胞にダメージを与えることが組織学的な研究から明らかにされている．さらに，カドミウムや有機または無機水銀（濃度は数mgから数十mg/L）が数種の魚のGTH産生細胞の活性低下や細胞数の減少を引き起こし，生殖腺の発達に影響を及ぼす可能性が指摘されている．その後の研究で，γ-HCHなどの有機塩素系の農薬は，血中や脳下垂体中のGTH濃度を減少させることが判明した．一方，漂白クラフト紙工場の排水は，農薬と同じようにホワイトサッカーの血中GTH（LH）の濃度を低下させたり，GnRHのGTH放出効果を低下させることが報告されている[9]．一方，こうした環境汚染物質のGTHに対する抑制作用のほかに促進作用も報告されている．タイセイヨウクローカー（ニベの類）ではカドミウム（1 mg/ml）に曝露すると卵巣の発達が促進されることが判明し，さらに，生体外に脳下垂体を取り出してカドミウムの影響を調べたところ，カドミウムはGTHの産生を促進した[10]．このことはこれまでの重金属のGTHに対する効果と異なるが，どうもカドミウムはGTHの生成に関わるカルシウム輸送システムやカルシウム依存ATPase活性に関与しているのかもしれない．このような生体外実験系を用いた結果は内分泌かく乱物質が直接脳下垂体に作用していることを示している．前述したように雌性ホルモンや雄性ホルモンは脳や脳下垂体に作用してGnRHやGTHの分泌を調節するといういわゆるフィードバック機構に関与しているので，エストロゲン様化学物質がこの機構を介して魚の生殖内分泌機構をかく乱している可能性もある．いずれにしても，種々の農薬や汚染物質は魚のGTHに間接および直接影響を与えることは明らかであるが，その詳細な作用機構についてはあまり研究がなされていない．亜鉛を高濃度（60 mg/g・飼料）で餌とともに投与すると脳下垂体のGABA受容

体（GABA は GnRH や GTH の分泌を促進する）に影響を与えることから重金属の作用はこの受容体を介している可能性が指摘されている．有機塩素系の農薬は，無脊椎動物や哺乳類のGABA受容体に影響を与えるので[11]，魚類でもこれらの化学物質がGABA受容体を介して作用する可能性がある．

筆者らは，GTH産生に対する内分泌かく乱物質の影響を明らかにする目的で，雄マダイのGTHサブユニット遺伝子の発現に及ぼす影響について調べた．精子形成開始期の雄マダイにE_2またはEE_2を投与すると，精巣の発達が抑制されることが明らかとなった（図8・5）（実験の詳細は精巣の項を参照）．精巣の発達が抑制された雄マダイの脳下垂体中のLHβ，FSHβおよびαサブユニットの遺伝子発現量を測定したところ，これらの遺伝子の発現量に全く影響を与えなかった（図8・6B，図中にはLHβのみ表示）．したがって，少なくとも用いた濃度のエストロゲン様化学物質はGTHの産生に影響を与えていないものと考えられる．さらに，精子形成期や産卵期の雄マダイにE_2，EE_2またはNPを投与しても脳下垂体中の各GTHサブユニット遺伝子の発現には影響は見られなかったことから，高濃度でも，また生殖腺の発達段階のいかんにかかわらず，GTH産生には影響を及ぼさない可能性が高い．したがって，エストロゲン様化学物質と呼ばれるNPやEE_2などは，少なくとも用いた濃度の範囲内では，GnRHの生成と同様に，GTHの遺伝子発現には影響を及ぼさないものと思われる．しかし，本実験ではGTHの分泌に対する影響については血中のGTH量を測定していないため不明であり，今後検討を要する．

2・3 精　巣

カドミウムや鉛，銅，およびメチル水銀などの重金属やDDTなどの有機塩素系農薬およびマラチオンなどの有機リン系農薬は精子形成抑制作用があることおよび精巣を構成するセルトリ細胞やステロイド産生細胞（ライディッヒ細胞，図8・3参照）などにダメージを与えることは形態学的な研究から明らかにされている[7]．また，漂白クラフト紙工場の排水やPCBなどの工業廃棄物も同様の影響を与えることが報告されている．さらに，アルキルフェノール類（NP，オクチルフェノールなど）が比較的低濃度で（30 μg/L）精子形成を抑制することが知られており[12]，この効果はエストロゲンが精原細胞から精母細胞への発達を抑制する効果によく似ていることから，これらのアルキルフェノール類はエストロゲン様化学物質として魚の精子形成に影響を与えている可能性が高

い．

　それでは，これらの内分泌かく乱物質はどのような機構で精巣の組織形態や精子形成に影響を及ぼしているのであろうか．視床下部－脳下垂体系のホルモン機構に対する影響については上述の項目を参照されたい．カドミウム（25μg/L）に曝露されたカワマスの精巣では11β-水酸基脱水素酵素活性（図8・4参照）が低下することが知られている．また，塩化メチル水銀への曝露は0.05～0.5 mg/L程度の濃度で精巣の3β-水酸基脱水素酵素の活性を低下させる．さらに，4週間0.01 mg/Lのγ-HCHに曝露されたキンギョでは，C17, 20側鎖切断酵素活性の低下によるテストステロンや11-ケトテストステロンの生成抑制が観察されている[13]．また，DDTやフェニトロチオンなどの農薬（0.001～0.3 mg/L）も，ティラピアなどの精巣の3β-水酸基脱水素酵素活性を低下させることが知られている．このような知見から，漂白クラフト紙工場の排水にさらされた雄のホワイトサッカーやレイクホワイトフィッシュにおける血中テストステロンや11-ケトテストステロンなどの低下は排水に含まれる何かがステロイド転換酵素に作用しているためと考えられる．最近の研究では，排水中に含まれるβ-シトステロール（木に含まれる天然の物質）はコレステロール側鎖切断酵素の活性を阻害して血中のアンドロゲン濃度を低下させている可能性が指摘されている[14]．さらに，PCB（Arochlor1254）をニジマスやコイに投与すると血中のテストステロン濃度が低下することが知られていることから，PCBもステロイド代謝経路のどこかに作用している可能性が考えられる．このように，多くの内分泌かく乱物質は精巣のステロイド転換酵素の活性に直接影響を与える可能性があるが，その機構については今後研究が必要である．また，最近トリブチルスズ（TBT）はブタの精巣のC17-20側鎖切断酵素活性を抑制することによりテストステロンの生成を抑制するという報告がなされている[15]．魚類ではTBTの作用機構に関する研究はほとんど行われておらず，今後，検討を要する．

　筆者らは種々の性成熟段階の雄マダイを用いて，E_2やEE_2およびNPが精子形成に及ぼす影響について調べた．まず，精子形成開始期（11～12月）および精子形成期（2～3月）の雄マダイ（体重1～2 kg）にE_2をひまし油とDMSOの混合液に溶解し，シリコンチューブを用いて徐放的に長期間投与した（400 μg/チューブ）[16, 17]．また，精子形成開始期の雄マダイにNPおよびEE_2を環境中の検出量よりも高濃度の0.1, 1および0.01, 0.1 mg/kg/体重になるよう

餌に混ぜて30日間経口投与し,投与1ヶ月後に精巣および血清を採取し,酵素免疫測定法を用いて血中11-ケトテストステロン量を測定した.いずれの投与方法でも,投与したエストロゲン様化学物質の影響が現れ,E_2およびEE_2(0.1 mg / kg・体重)はいずれも形態学的に精子形成を抑制した(図8・5).対照群では精母細胞,精細胞や精子が認められ精子形成が行われていることが観察された.一方,E_2やEE_2を投与した群の精巣は精原細胞でほとんどの部分が占められ,発達した精母細胞や精細胞などは認められず精巣は未熟なままであった.しかし,NPは用いた投与量では精子形成に影響を及ぼさなかった.これらの形態学的な変化はGSIの低下として現れ,E_2やEE_2を投与した雄マダイのGSIは対照群と比較して明らかに低い値を示した(図8・7A).さらに,GSI

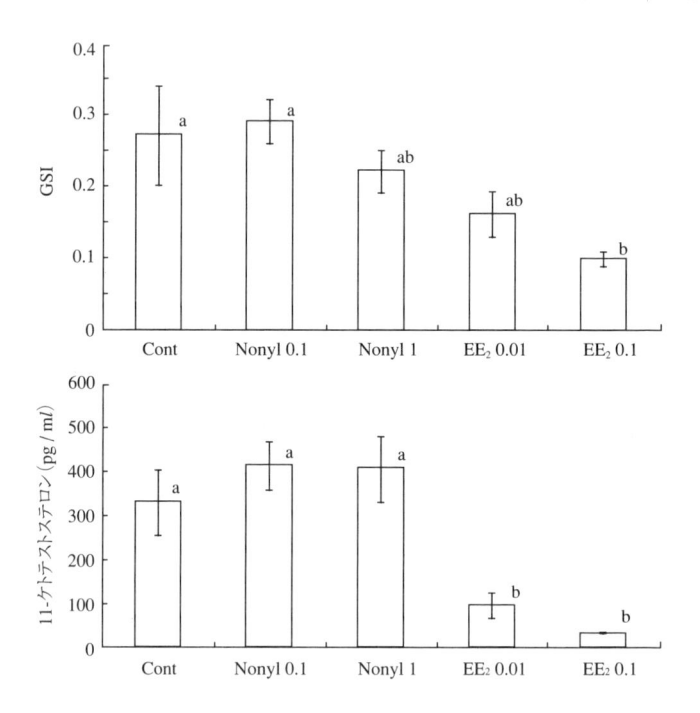

図8・7 精子形成開始期の雄マダイの生殖腺体指数(GSI)(上図)および血中11-ケトテストステロン量(下図)に及ぼすノニルフェノール(Nonyl)およびエチニルエストラジオール(EE_2)の影響
横軸の数字は投与量(mg / kg・体重),グラフ内の異なるアルファベットは統計的有意差があることを示す.

の低下したEE$_2$投与群の血中11-ケトテストステロン量を測定したところ，EE$_2$ 0.01 mg/kg・体重投与群でも対照群と比較して非常に低い値を示した（図8・7B）．このことは，これらの処理がGnRH-GTH系に影響を及ぼさないこと（上記参照）を考え合わせると，投与したEE$_2$が直接精巣に作用して，11-ケトテストステロンの生成を低下させることによって，精子形成を阻害したものと考えられた．さらに，同様のE$_2$処理を精子形成期（2～3月）に行っても，精子形成阻害やGSIの低下および血中11-ケトテストステロン量の低下は起こらなかった．このことは，比較的精子形成が進行した段階では，用いた濃度のE$_2$は精子形成には影響を及ぼさないことを示す．そこで，もっとも活発に精子形成を行っていると思われる産卵期の雌雄マダイにさらに高濃度のEE$_2$およびNP（10 mg/kg・体重）を餌に混ぜて10～11日間経口投与したところ，それぞれ8日目および5日目に産卵が停止した．これらの処理区の雄のGSIは対照群と有意な差は認められなかったものの，血中11-ケトテストステロン量は両処理群とも対照区と比較して有意に低い値を示し，特にEE$_2$投与区は対照区の1/7程度と非常に低い値を示した（図8・8）．このことは，NPでも濃度が高ければ精子形成に抑制的に働くこと，また，精子形成を活発に行っている時期にでも抑制的に働く可能性があることを示している．

これらの投与実験から，用いたNPやEE$_2$などのエストロゲン様化学物質が直接精巣に作用し，精巣での11-ケトテストステロンの生成を阻害している可

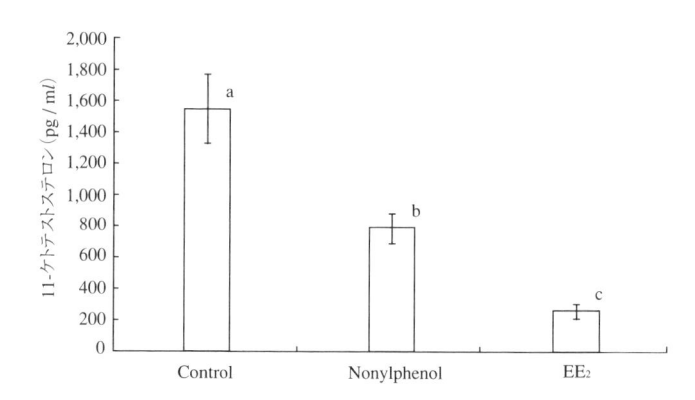

図8・8　産卵期雄マダイの血中11-ケトテストステロン量に及ぼすノニルフェノール（Nonylphenol）およびエチニルエストラジオール（EE$_2$）の影響
　　　　投与量：10 mg/kg体重．

能性が示された．そこで，産卵期の雄マダイから精巣を生体外に取り出し，マダイGTHによる11-ケトテストステロン生成能を調べたところ，NP投与区は対照区と同様にマダイのGTHにより11-ケトテストステロンが生成されたものの，EE_2投与区の精巣でのGTHによる11-ケトテストステロン生成は認められなかった（図8・9）．このことは，GTHが存在してもEE_2を投与された雄マダイの精巣では11-ケトテストステロンを生成することができないことを示している．したがって，EE_2は直接精巣に作用して11-ケトテストステロンの生成を阻害した可能性が高いものと考えられた．そこで，さらに，EE_2の作用機構を明らかにする目的で，EE_2を投与された精子形成開始期の雄マダイの精巣を生体外に取り出しプレグネノロンの代謝を調べたところ，17α-ヒドロキシプレグネノロンの生成が抑制された（図8・10）．このことから，EE_2はプレグネノロンから17α-ヒドロキシプレグネノロンへの代謝に必要な17α-水酸化酵素活性を抑制し（図8・4参照），その結果，11-ケトテストステロンの生成が抑制され，精子形成が抑制されたものと考えられた．

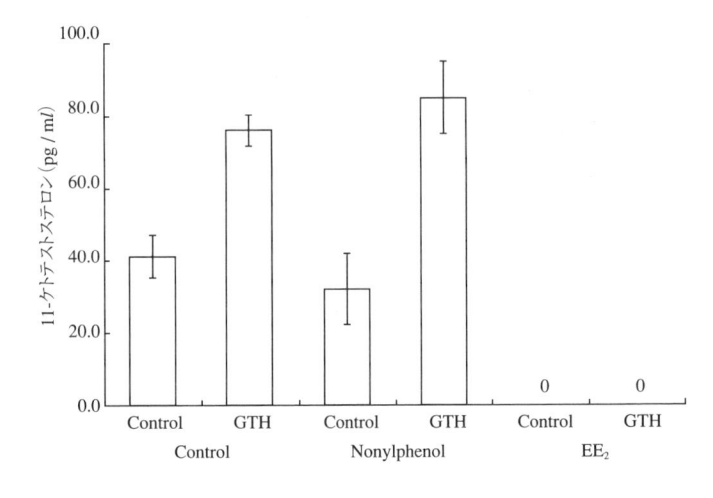

図8・9 産卵期雄マダイの精巣における生体外11-ケトテストステロン産生に及ぼす生殖腺刺激ホルモン（GTH）の影響
横軸上段：Control, GTH無添加区；GTH, マダイLH添加区（100 ng / ml）．
横軸下段：Control, 化学物質を添加しない餌を投た群；Nonylphenol, ノニルフェノール投与群（10 mg / kg・体重）；EE_2, エチニルエストラジオール投与群（10 mg / kg・体重）．

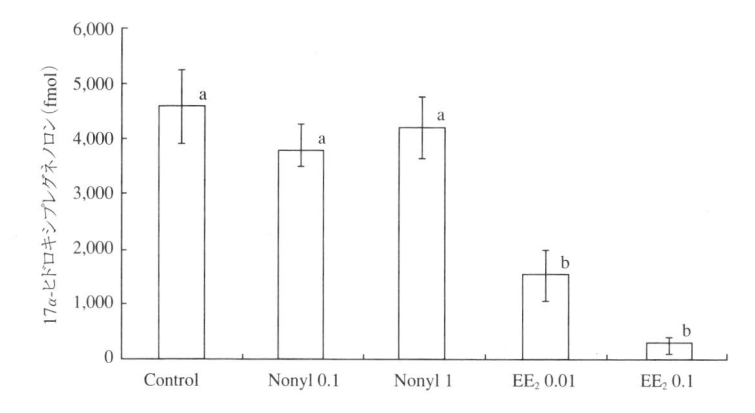

図8·10 精子形成開始期の雄マダイの17α-水酸化酵素活性に及ぼすノニルフェノール（Nonyl）およびエチニルエストラジオール（EE_2）の影響
横軸の数字は投与量（mg / kg·体重），グラフ内の異なるアルファベットは統計的有意差があることを示す．

以上の結果から，内分泌かく乱物質として知られているE_2およびEE_2などは雄マダイの精子形成を抑制する作用があることが初めて明らかとなった．しかし，NPはEE_2よりも10～100倍高い濃度で投与したにもかかわらず，精子形成開始期や精子形成期に精子形成抑制作用は認められなかった．一方，産卵期に高濃度（10 mg / kg·体重）を投与することにより，血中11-ケトテストステロン量が低下した．したがって，NPも高い濃度であればE_2やEE_2と同様に精子形成抑制作用があるものと思われた．これまでの，雄のニジマスの卵黄タンパク前駆体（Vg）の生成に対するEE_2やE_2およびNPの影響から，NPはE_2やEE_2よりも1,000倍以上の濃度でないと同等の効果を示さないことが知られている[12]．本研究結果は以前のこの結果と一致し，マダイでも同様にNPはE_2やEE_2と比較すると，内分泌かく乱物質としてマダイの精子形成にあまり影響を及ぼさないものと思われる．

2·4 卵 巣

雄と同様に雌でも，比較的高濃度（数mgから十数mg / L）のヒ素やカドミウム，鉛，亜鉛といった重金属に曝露されると卵巣の形態に異常をきたし，卵母細胞の発達が阻害される[7]．また，塩化水銀などはさらに低濃度（0.02～0.05 mg / L）で種々の魚の卵巣の発達を阻害したり，卵黄形成期の卵母細胞の退行

を誘導する．実験で使用されたこれらの重金属の濃度は環境水中の濃度を反映していないが（環境水中の100ないし1,000倍），生物濃縮による生体内での濃度上昇も考えられる．DDTやエンドスルファンなどの有機塩素系農薬は0.001 mg / Lの低濃度でティラピアやコイ科魚類の卵巣構造の変化やGSIの低下を引き起こす．このほかにも，アルドリンやクロルデコン，γ-BHC，β-HCHなども比較的低濃度（0.005〜0.03 mg / L）でメダカや，ナマズなどの卵母細胞の退行や異常な卵黄形成を引き起こすことが知られている．一方，有機リン系農薬（フェンチオン，スミチオンなど）の多くは，おおむね有機塩素系農薬と比較して高い濃度（0.1〜10 mg / L）で卵母細胞の退行やそれに伴うGSIの減少を引き起こすことが報告されている．PCBやベンゾピレンなどの工業化学物質はホワイトパーチやタイセイヨウクローカー（ニベの類）などの卵巣の発達を阻害したり，血中E_2の低下を引き起こす．また，アメリカ西海岸に生息するホワイトクローカーやイングリッシュソール（シタビラメ）などの体内から高濃度のPCBやDDTが検出され，それらの魚では退行卵や卵黄形成前の未熟な卵母細胞しか観察されない．さらに，織物工場の廃液や植物油の廃液やパルプに含まれる硫化物などはナマズやコイ，バルチックパーチ（*Perca fluviatilis*）やローチ（コイ科魚類，*Rutilus rutilus*）などの卵巣を退行させたり，発達を抑制する．このように，汚染物質は卵黄形成前の卵母細胞が卵黄形成を開始するのを阻害したり，卵黄形成期の卵母細胞の退行を引き起こし，その結果GSI値の低下を招く．

　このような内分泌かく乱物質の卵巣への影響はどのような機構を介しているのであろうか．カドミウムは*Monopterus albus*（タウナギの類）ではE_2の低下を招くが，その一方で，タイセイヨウクローカーではGTHの分泌促進による血中E_2量の増加が報告されている[18]．しかし，鉛はタイセイヨウクローカーの視床下部－脳下垂体系に作用して卵巣でのE_2分泌を抑制すると考えられている．ティラピアにDDTを0.001 mg / Lで20日間投与すると卵巣の3β-水酸基脱水素酵素や17β-水酸基脱水素酵素の活性が低下することが知られている[19]．これらの農薬は肝臓の代謝酵素であるチトクロームP450などを阻害することから，魚類の卵巣や精巣に存在するステロイドの合成に関わるチトクロームP450を阻害する可能性が考えられる．0.05〜5 μMのβ-ナフトフラボンや20-メチルコラントレンなどの多環芳香族炭化水素はサケ科魚類の卵濾胞組織のテストステロン合成は阻害しないものの，芳香化酵素活性を特異的に阻害する[20]．

このように，雌の卵母細胞の発達阻害は，主に上述したような内分泌かく乱物質が卵巣に直接作用し，そこにある種々のステロイド転換酵素の活性を阻害することによってステロイドホルモンの合成を抑制した結果引き起こされたものと思われる．一方で，キャットフィッシュに 16 mg / L という高濃度の γ-BHC を投与して低下した血中 E_2 やテストステロン量は，GnRH を投与することにより回復するので，おそらく，γ-BHC は GnRH の分泌や GnRH による GTH の分泌を阻害した結果であろうと考えられる[21]．また，同様にホワイトサッカーやレイクホワイトフィッシュは漂白クラフト紙工場排水に曝露すると血中 E_2 量が低下するが，これらに GnRH を投与すると回復するので，排水中の原因物質は卵巣以外のところに働いている可能性がある[22]．このように，農薬や工場の排水は直接卵巣のステロイド転換酵素に働くばかりではなく，視床下部－脳下垂体系のホルモン機構にも作用している可能性も考えられる．

2・5　ホルモン受容体

内分泌かく乱物質の生殖内分泌系における作用機構には以下の3つがあると考えられている．
① 内分泌かく乱物質がホルモン受容体に結合して，本来のホルモンと同じ作用をする（アゴニスト作用）．
② 内分泌かく乱物質がホルモン受容体に結合し，拮抗作用を示して，本来のホルモンの作用を阻害する（アンタゴニスト作用）．
③ 内分泌かく乱物質がホルモン代謝系を阻害し，本来のホルモン作用をかく乱する．

このように，エストロゲン様化学物質を始めとする内分泌かく乱物質は主にステロイドホルモンの受容体と結合することにより作用を発現すると考えられていた．実際，DDT はエストロゲン受容体と結合してエストロゲン様作用を示すことはよく知られている[23]．DDT は一方でアンドロゲン受容体と結合して抗アンドロゲン作用を示すことも報告されている．さらに，DDT には多くの異性体が存在していることから，種々のステロイド受容体と結合することによって内分泌かく乱物質として種々の作用を及ぼしていると考えられる．したがって，ある種の化学物質の影響を調べる場合には，特に異性体が混入しているような化学物質の製品の影響を調べる場合にはその作用機構が必ずしも1つとは限らないことを注意しておく必要がある．

一方，内分泌かく乱物質がステロイドホルモン受容体以外の受容体と結合する可能性が最近明らかになってきた．哺乳類では20以上のオルファンリセプター（内因性のリガンドが不明な受容体）が確認されており，これらはその構造からステロイド様物質と結合する可能性がある[24]．したがって，内分泌かく乱物質がこのようなステロイドホルモン受容体以外のオルファンリセプターと結合して作用を及ぼす可能性も否定できない．また，PCBはエストロゲン様作用を示すが，その一方で甲状腺ホルモンの作用を阻害することが知られており[25]，甲状腺ホルモンが魚類の生殖にも関連していることを考え合わせると内分泌かく乱物質が生殖内分泌系以外の内分泌系に作用して，間接的に魚類の生殖に影響を及ぼす可能性も考えられる．

　ダイオキシン（TCDD）が特異的に結合する受容体としてアリール炭化水素受容体（AhR）が知られている．AhRは種々の動物種の色々な組織の細胞質内にあり，TCDDと結合し一種の細胞内情報転写因子として働き，DNAの発現調節領域に結合して遺伝子の発現を制御する．AhRの標的となる遺伝子は，多くの外因性物質の代謝に関係しているチトクロームP450 1A1（エストロゲンの代謝にも関係している）やエストロゲン受容体などである[26]．したがって，魚類の場合もTCDDの作用はAhRを介して，生殖内分泌機構に影響を与えている可能性が高い．さらに，ヒトの卵濾胞液の中にはTCDDが検出されたり，種々の哺乳類の卵巣中にAhRが存在することが明らかになってきた．したがって，これまで報告されたTCDDが引き起こすラットや牛やサルの卵巣の萎縮や発情周期の乱れは，TCDDがAhRに結合して誘起されたものと考えられる．また，TCDDはヒトの卵濾胞組織におけるエストロゲン生成を直接阻害するばかりではなく，FSH受容体の発現を抑制することによってステロイド合成を阻害している可能性がある[27]．魚類でも，TCDDがこのような哺乳類で確認された作用機構を介して生殖内分泌系に影響を与えている可能性が考えられ，今後検討する必要がある．

　このような，ステロイド受容体を介していない作用機構はほかにも知られている[23]．たとえば，植物エストロゲンのβ-シトステロールはステロイドホルモンの前駆体として知られているコレステロールの供給を阻害したり，P450酵素活性を阻害することによってその作用を現す．また，TBTは芳香化酵素を阻害することによってアンドロゲンからエストロゲンへの転換を阻害する．さらに，TCDDはチトクロームP4501A1を誘導してエストロゲンを水酸化して

代謝を促進する．このように，上述したような魚でも認められた精巣や卵巣のステロイド合成酵素の活性阻害はステロイドホルモン受容体を介さない可能性が考えられ，今後検討を要する．

§3. おわりに

魚類は内分泌かく乱物質の影響を最も受けやすい水圏に生息することから，ビテロジェニンやコリオジェニンなどを指標とした内分泌かく乱物質のモニタリングに最適の動物である．また，魚類の生殖内分泌系に関する研究は脊椎動物の中でも進んでいるので，内分泌かく乱物質の生殖内分泌機構に対する作用機構を調べるのに最適の動物であると思われる．これまでの研究から，内分泌かく乱物質は生殖内分泌機構のあらゆる段階に影響を及ぼしていることが次第に明らかになってきた．今後も研究が進めばその影響はさらに拡大する可能性が大いにある．また，これまで内分泌かく乱物質と認められた物質のほかにも既存のあるいはこれから生産されるであろう多くの化学物質が生殖内分泌系に影響を与える可能性は否定できない．このことを考えると，内分泌かく乱物質の作用機構に関する研究は始まったばかりで，これから多くの研究課題があるように思われ，今後この分野の研究が魚類で継続されることを期待したい．また，これらの魚で得られた知見は，その内分泌機構は他の脊椎動物と共通点をもつことから多くの脊椎動物にも応用できる可能性が高く，今後これらの知見が人間を含めた多くの動物の内分泌かく乱物質からの影響を最小限に抑える一助となることを願う次第である．

〈香川浩彦・奥澤公一・玄　浩一郎・松山倫也〉

文　献

1) 井口泰泉（1998）：よくわかる環境ホルモン学，環境新聞社，pp.66-96.
2) 中村　将・井口泰泉（1998）：科学，68, 515-517.
3) 大島雄治・本城凡夫（2000）：水産環境における内分泌撹乱物質，恒星社厚生閣，pp.87-96.
4) 小林牧人・足立伸次（2002）：魚類生理学の基礎，恒星社厚生閣，pp.155-184.
5) Okuzawa, K. et al. (2002) : Progress in Brain Research, 141, 95-110.
6) Gen, K. et al. (2000) : Biol. Reprod., 63, 308-319.
7) Kime, D.E. (1998) : Endocrine Disruption in Fish, Kluwer Academic Publishers.
8) Ram, R.N. and Joy, K.P. (1988) : Bull. Environ. Contam. Toxicol., 41, 329-336.
9) Van der Kraak, G.J. et al. (1992) : Toxicol. Appl. Pharmacol., 115, 224-233.

10) Thomas,P. (1993): *Mar. Environ. Res.*, 35, 141-45.
11) Cole,L.M. *et al.* (1993): *Pesticide Biochem.Physiol.*, 46, 47-54.
12) Jobling,S. *et al.* (1996): *Environ. Toxicol. Chem.*, 15, 194-202.
13) Singh, P.B. *et al.* (1994): *J. Fish Biol.*, 44, 195-204.
14) Mellanen, P. *et al.* (1996): *Toxicol. Appl. Pharmacol.*, 136, 381-388.
15) 中島羊奈子ら (2003):環境ホルモン学会要旨集, p.365.
16) Yamaguchi, S. *et al.* (2001): Abstract of International Commemorative Symposium, 70th Anniversary of The Japanese Society of Fisheries Science, p. 219.
17) Yamaguchi, S. *et al.* (2004): *Aquaculture*, 239, 485-496.
18) Thomas, P. (1990): *J. Exp. Zool., Suppl.* 4, 126-128.
19) Shukla, J.P. and Pandey, K. (1985): *J. Environ. Biol.*, 6, 195-204.
20) Afonso, L.O. *et al.* (1997): *Gen. Comp. Endocrinol.*, 106, 169-174.
21) Singh, P.B. and Singh, T.P. (1991): *Aquat. Toxicol.*, 21, 93-102.
22) Gagnon, M.M. *et al.* (1994): *Comp. Biochem. Physiol.*, 107C, 265-273.
23) Tyler, C.R. *et al.* (1998): *Criti. Rev. Toxicol.*,6, 319-361.
24) Mangelsdorf, D.J. and Evans, R.M. (1995): Cell, 83, 841-850.
25) Iwasaki, T. *et al.* (2002): *Biochem. Biophys Res. Commmun.*, 299, 384-388.
26) Ohtake, F. *et al.* (2003): *Nature*, 423, 545-550.
27) Pocar, P. *et al.* (2003): *Reproduction*, 125, 313-325.

⑨ 魚類の産卵・回遊行動に及ぼす影響と作用機構

　内分泌かく乱化学物質（EDCs；endocrine disrupting chemicals）は，生物の内分泌機構をかく乱することによって，様々な生理学的現象に影響を与えることが明らかになってきた．一部のEDSsは，魚類においては，雄個体に作用して雌特異的な卵黄タンパク質の前駆物質であるビテロジェニンや卵膜の材料となるコリオジェニンの合成や性分化において雌化の誘導を引き起こすことが明らかにされ，このような物質はエストロゲン様内分泌かく乱物質（エストロゲン様EDCs）と呼ばれている（Ⅲ4～6，Ⅳ10参照）．一方，性ホルモンは中枢神経に作用して行動に影響を与えることが知られている．そのことから，EDCsは，生理学的現象のみならず，性ホルモンによって統御されている行動学的な特性に関してもかく乱作用を及ぼす可能性があると考えられている．マウスでは，胎児期や授乳期にビスフェノールA（BPA）に曝露されると，中枢神経系の発達に影響を与え，行動や認知，学習・記憶などに影響を及ぼす可能性があることが示唆されている[1]．また，さまざまな生物で，化学物質による環境汚染によって行動の異常が引き起こされることが報告されている[2]．

　最近の研究では，わが国の重要水産資源であるサケ科魚類の回遊行動や産卵行動も，性ホルモンによって制御されていることが明らかになってきている[3,4]．サケやマスの仲間は河川で産卵し，淡水域で成育した稚魚は降河期になると，海水適応能や銀色の体色を獲得したスモルト（銀毛）と呼ばれる魚体に変態し（スモルト化と呼ぶ），海洋回遊生活をおくるようになる（図9・1）．しかし，サクラマス（*Oncorhynchus masou*）では，早熟雄と呼ばれる稚魚期に既に成熟した雄個体が出現し，これらはスモルトに変態することなく河川に残留し，一生を淡水域で過ごす．この，スモルト化や降河行動の抑制は，アンドロゲンやエストロゲンといった性ホルモンの投与で誘導される[4-7]．最近，タイセイヨウサケ（*Salmo salar*）のスモルトをノニルフェノール（NP）などに曝露すると，降河行動や海水適応能が阻害されることが報告されている[8]．また，サケ・マスは，成熟が開始すると，産卵のため自身の生まれた河川に帰る母川回帰行動を示す（図9・1）．この，母川に遡上しようとする河川遡上行動も，性ホルモンの投与によって促進されることが明らかになっている[4,9]．このように，サ

ケ科魚類の回遊・産卵行動の発現は性ホルモンによって制御されていると考えられるため,EDCsの影響を受ける可能性が高い.

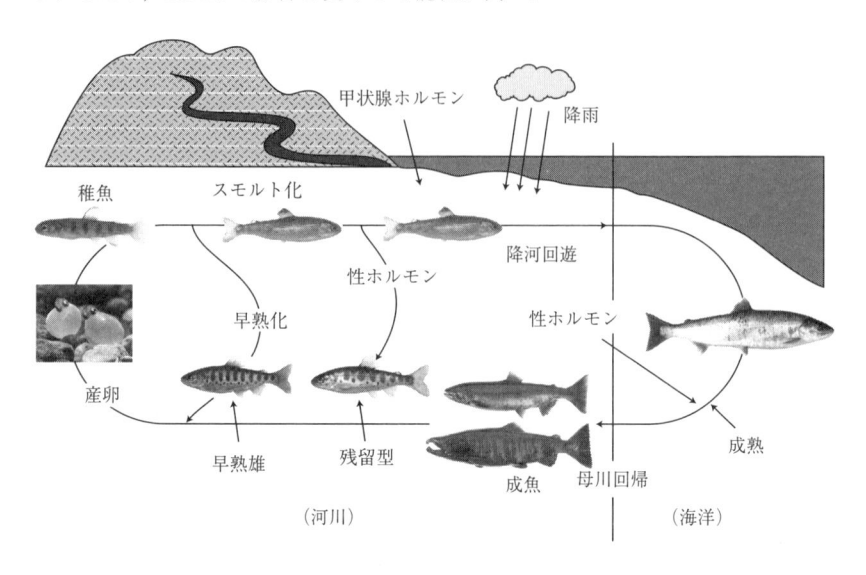

図9・1 サクラマスの生活史と回遊行動に対する性ホルモンの関与

EDCsは魚類の繁殖機能をかく乱すると考えられるが,たとえ生理機能に障害が及ばなくとも中枢神経の発達などに影響を及ぼし生殖行動が阻害されれば,健全な繁殖を行うことはできない.そのため,ここで取り扱うエストロゲン様EDCsの影響に関する全容を明らかにするためには,魚類の行動に及ぼす,エストロゲンである17β-エストラジオール(E_2)自体,あるいはNPなどのアルキルフェノール類,BPAなどの影響を実験的に明らかにし,その作用機構や臨界濃度を解明することが必要である.この一連の研究において,行動観察実験によってサクラマスの産卵遡上行動および産卵行動への影響を解析した結果,エストロゲン様EDCsは雄の性行動を阻害することが明らかとなってきた.

§1. サケ科魚類の回遊行動に対する影響の解明

サケ科魚類は,産卵期になると海や湖から母川に回帰し,上流の産卵場まで辿り着くために強い遡上衝動を示す.この行動は,テストステロン(T)や11-

ケトテストステロン（11-KT）といったアンドロゲンやE_2といったエストロゲンの投与によって促進されることがわかっている[4]．もし，これらの行動がエストロゲン様EDCsの影響を受けるならば，遡上河川で汚染が生じたときサケ科魚類の健全な繁殖を妨げることとなる．そこで，成熟したサケ科魚類の遡上行動に対して，去勢（生殖腺除去）およびE_2投与を行い，遡上行動におけるエストロゲンの効果を観察するとともに，TからE_2への代謝（芳香化）を促進する酵素（アロマターゼ）の阻害剤であるファドロゾール（Fadrozole），並びにNPおよびBPAを投与したときの行動への影響を観察し，エストロゲン様EDCsの遡上行動への影響を考察した．

§2．サクラマスの河川遡上行動へのエストロゲンの関与

サケ科魚類の河川遡上行動に対するエストロゲンの効果を調べるため，2面のコンクリート池を塩化ビニール製のパイプで繋いだ人工水路（図9・2）を用いて，去勢手術およびE_2投与を施したサクラマスの早熟雄の遡上率を比較した．サクラマスでは，0歳の6月頃から精巣が発達する早熟の雄が出現するが，通常の成熟個体と同様に遡上行動や性行動を示し，かつ小さいため扱いやすく化学物質の投与量も少なく抑えられことから，実験材料として適当である．8月，十分に精巣の発達した早熟雄を麻酔した後開腹し，ピンセットでその精巣を取り除いて縫合した去勢群，また対照として開腹・縫合のみを施術した偽手術群を準備した．同時に，それぞれの実験群に，徐放性（徐々にホルモンを放出し長期間血中濃度を一定に保つ作用）をもつサイラスティックチューブ（医

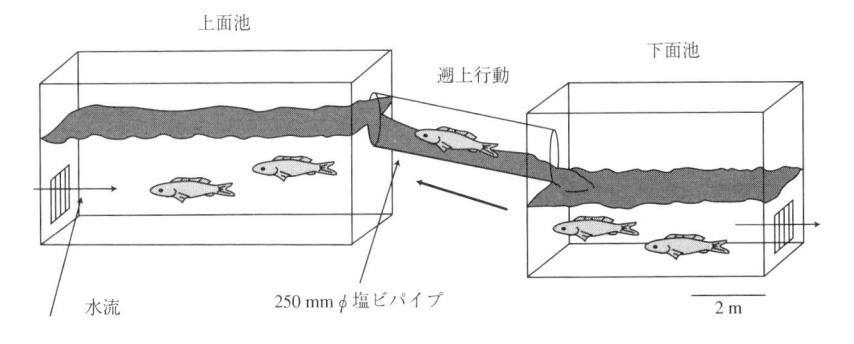

図9・2　河川遡上行動観察用人工水路

療用シリコンチューブ）に，Munakata et al.[4] に従い E_2 500 μg を局方ゴマ油に溶解して封入したカプセルと，対照としてゴマ油のみを封入したカプセルを腹腔内に埋め込み，各実験群の魚が区別できるよう，脂ビレと腹ビレの切除の組み合わせにより標識を施した．1ヶ月間流水水槽内で飼育した後，9月より全ての実験個体を人工水路の下面池に移し，各実験群間で上流池に遡上した個体の遡上率を比較した．

その結果，偽手術を施した早熟雄の35％は人工河川を遡上する行動を示したが，去勢をした群では遡上率が10％と有意に抑えられた．また，偽手術の早熟雄に E_2 を投与すると遡上率が70％と有意に促進され，去勢雄に E_2 を投与すると抑制されていた遡上率が40％と復活した（図9・3）．この結果は，精巣から分泌されている性ホルモンがサクラマスの遡上行動を促進していることを示していると考えられる．ここで E_2 の投与は遡上行動を促進したが，通常雄の精巣からは E_2 は分泌されない．このことから，雄魚においては精巣から分泌された E_2 の前駆物質であるアンドロゲンのTが，脳においてアロマターゼ（芳香化酵素）の作用によって E_2 に代謝されて，遡上行動を促進するのではないかと考えられる．

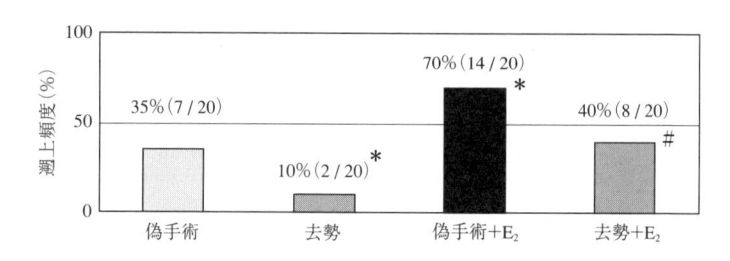

図9・3 サクラマス早熟雄に偽手術，去勢，およびそれぞれに E_2 投与を施した実験群の遡上頻度
＊および＃は，それぞれ偽手術群および去勢群に対する有意差を示す（$p<0.05$）．

§3．河川遡上行動への芳香化酵素阻害剤とエストロゲン様EDCsの効果

遡上行動への E_2 の関与を確認するため，サクラマス早熟雄に E_2 の産生を抑制する芳香化酵素阻害剤ファドロゾール500μg を投与したときの遡上行動の

頻度を調べた．また，エストロゲン様ECDsが遡上行動に及ぼす影響を調べるため，NP 1 mg，およびBPA 1 mgを投与したときの早熟雄の遡上頻度を比較した．化学物質は，前実験と同様にサイラスティックチューブを用いて8月に腹腔内に埋め込むことにより投与し（対照群の早熟雄には溶媒のみ投与），1ヶ月飼育した後，9月より人工水路における遡上率を比較した．各化学物質の投与量は，中村ら（IV10参照）によるアマゴの性分化への影響試験において，生理学的効果が十分現れる量を参考に決定した．

成熟した雌雄サクラマスへファドロゾールを投与したときの血液中のE_2濃度の変化をラジオイムノアッセイ法で測定しモニターすると，雌の投与群の血中E_2濃度は有意に低下し，サクラマスにおいてもファドロゾールが芳香化酵素の阻害に有効に作用することを示した（図9・4）．しかし，雄では血液中にほとんどE_2が分泌されないため，ファドロゾールの投与にかかわらず，低い血中E_2レベルを示した．

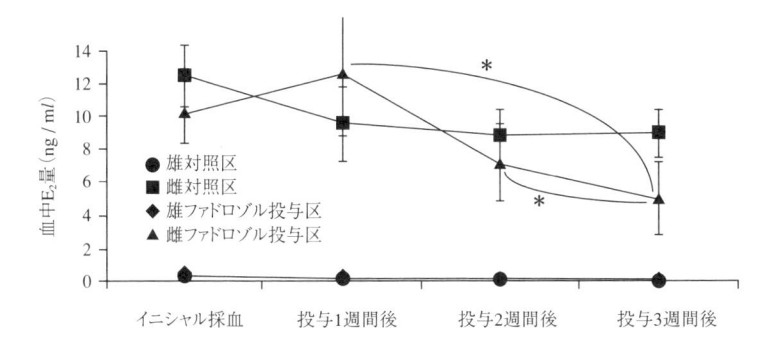

図9・4 サクラマスの成熟魚のエストラジール-17β血中濃度に与えるファドロゾール投与の影響
データは平均値±標準誤差．＊は線で結んだ両者の間に有意差（$p < 0.05$）があることを示す．

遡上行動観察実験において，対照区の早熟雄が40％の遡上率を示したのに対し，ファドロゾール投与早熟雄は25％と有意に遡上率の低下が観察された（図9・5）．このとき，血中のE_2濃度は，極めて低い値ではあるが，遡上行動を示した個体は示さなかった個体に比し高い値を示した．これらは，サクラマスの遡上行動はE_2によって促進されていることを強く示唆している．先の実験の結果と併せると，雄では精巣から分泌されたTがアロマターゼによってE_2に代

謝され，行動促進に作用していると考えられるが，魚類でも脳にアロマターゼが存在することが知られており[10]，またファドロゾール投与は雄のギンザケ（*Oncorhunchus kisutch*）で脳内のアロマターゼを阻害しE_2の産生を抑制することが報告されていることから[11]，精巣から分泌されたTは脳の組織中でE_2に変換され，直接中枢神経に作用しているものと考えられる．一方，ファドロゾール投与群の血中E_2濃度は，前出の実験同様，対照区と同様低量で有意な差は見られなかったが，精巣にはアロマターゼが存在しないと考えられ，雄の場合ファドロゾール投与効果はE_2の血中量には反映しないのであろう．

一方，NPとBPAの投与は，遡上率に影響を及ぼさなかった（図9・5）．このとき，血中E_2濃度は対照群に比較して有意に下がったことから，これらのエストロゲン様EDCsはE_2の分泌を抑制する作用をもつ可能性もある．しかし，今回の実験では，NP・BPA投与によって血中E_2濃度が下がったにもかかわらず遡上率は変わらなかったことから，遡上行動に対しては影響がないか，あるいは促進効果があるのではないかと推察される．

以上の結果をまとめると，サクラマスの産卵遡上回遊行動は雄であってもエストロゲンによって促進されることが明らかになった．サケ科魚類の成熟期に

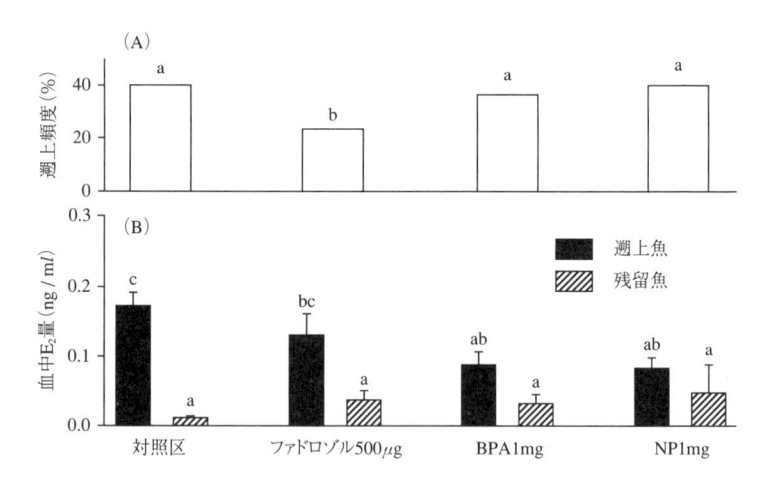

図9・5 サクラマス早熟雄の遡上頻度（A）と血中エストラジオール-17β濃度に対するファドロゾール，ビスフェノール-A（BPA）およびノニルフェノール（NP）投与の効果
ホルモン濃度は平均値と標準誤差で表示．同じアルファベットが附されていないグラフの間には有意差（$p<0.05$）があることを示す．

は，雌雄とも血中Tレベルが上昇し，河川遡上行動を促進することが明らかになっており[4, 9]，Tが脳内において芳香化酵素（アロマターゼ）によってE_2に代謝され行動を促進していると考えられる．本実験では，NPおよびBPAは遡上行動には影響を及ぼさなかったが，これらのエストロゲン活性は比較的低いため，促進作用に及ぼすかく乱の影響は低いと考えられる．しかし，河川遡上行動に及ぼすエストロゲン様EDCsの影響評価を行うためには，投与量や投与期間を変えてさらに詳細な影響の解析を行うことが必要であろう．

§4. サケ科魚類の雄の性行動に対する影響の解明

河川を遡上し，産卵場に到達したサケ・マスは，産卵のため一連の定型的な性行動を行なう（図9・6）．ペアになった雄は，雌に寄り添い（アテンディング），体を小刻みに震わせ雌に産卵を促す行動（クイバリング）を示すと同時に，産卵床の周囲になわばりを形成し，進入する他の雄を追い払う．雌は，稚魚の成育に適した砂利底で酸素交換のため適当な流速のある場所に，自発的に尾ビレを使って産卵床を掘削する営巣行動（ディギング）を行う．産卵床が完成すると，雌雄は同時に放卵・放精を行い受精が完了する．産卵後，雌は再び尾ビレを使って産卵床に落ちた受精卵の上に砂利をかけて，産卵床を埋め戻す行動（カバーリング）を示す．マウスやラットでは，性行動が性ホルモンによ

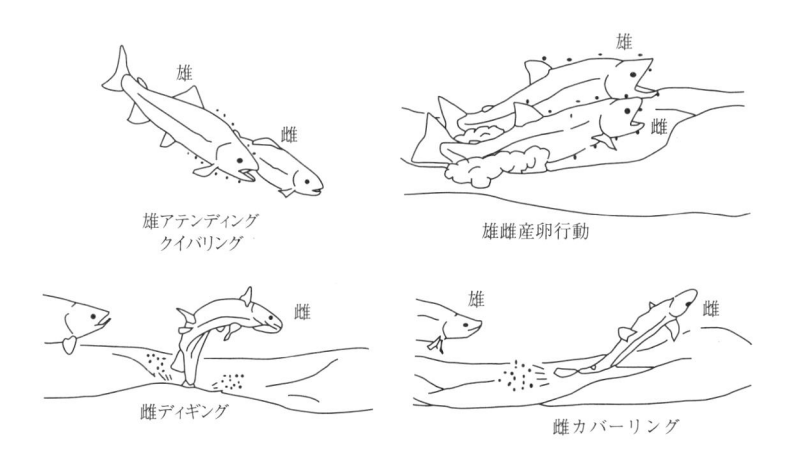

図9・6 サケ科魚類の性行動

って支配されていることが知られており[12]，魚類においても産卵行動は性ホルモンによって統御されていると考えられ，EDCsの影響を受ける可能性が高い．

本研究では，特に雄の性行動に対するエストロゲン様EDCsの影響について調べた．実験には，遡上行動への影響実験と同様にサクラマス早熟雄を用い，エストロゲン様EDCs投与による雌に対する性行動の変化を観察実験水槽（図9・7）を用いて観察した．底に砂利を敷き，ポンプによる環流によって水流を作った水槽に2歳の成熟雌と0歳の早熟雄をペアで収容すると，雌は自発的にディギングを示し，雄は早熟雄であっても雌に対してアテンディングとクイバリングを示すことから，産卵時における雄の性行動の活性をこれらの行動の単位時間当たりの発現頻度で計測できる．

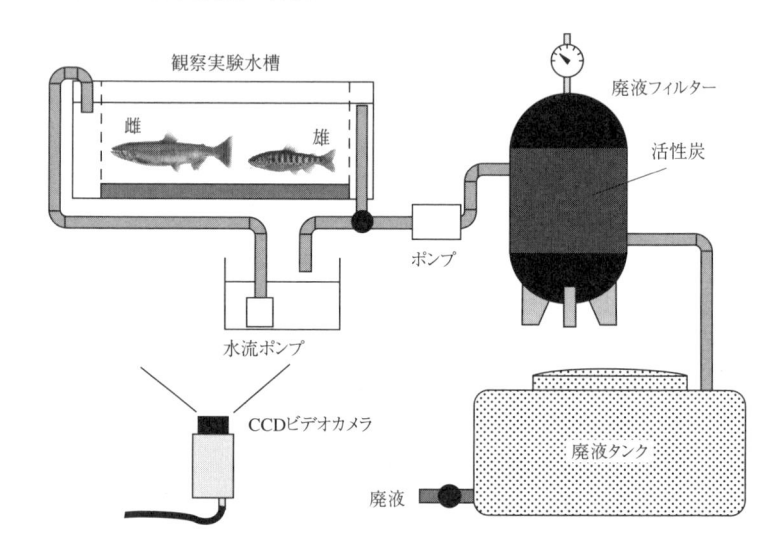

図9・7　サクラマスの性行動観察用実験水槽

§5．サクラマスの雄の性行動を統御する性ホルモン

まずサクラマスの雄性行動へ関与する性ホルモンを調べるため，遡上行動の実験と同様に，8月に早熟雄を去勢するとともに，サイラスティックチューブを用いてT，11-KT，E_2，17α20β-ジヒドロキシ-4-プレグネ-3-オン（DHP）の各種性ホルモンをそれぞれ500μg（Tのみ1,000μg投与も併せ）42日間投与

し，10月より観察実験水槽内で成熟雌とペアリングさせ，アテンディングとクイバリングをビデオ観察し，30分当たりの行動の発現頻度（アテンディングは提示時間のパーセンテージ，クイバリングは提示回数）の変化を比較した．その結果，雄の性行動はアテンディング，クイバリングとも去勢によって減退したが，アンドロゲンのT 1,000 μg 投与によってアテンディングが回復し，11-KT 500 μg 投与では双方の行動が回復した．一方，エストロゲンである E_2 や配偶子成熟ホルモンであるDHPは顕著な効果を示さなかった（図9・8）．キンギョ（*Carrasius auratus*）やギンブナ（*C. auratus langsdorfii*）あるいはトゲウオ（*Gasterosteus aculeatus*）の雄の性行動は11-KTによって促進されることが報告されている[13-15]．サクラマスにおいても，雄性行動の促進は11-KTの方がTよりも高い効果を示したが，魚類ではTが11β-水酸基脱水素酵素によって代謝されて生成する11-KTが活性型のアンドロゲンと考えられており[16]，これらの結果は，雄特異的な性行動は精巣から分泌されるアンドロゲンの作用によって促進されることを強く示唆している．

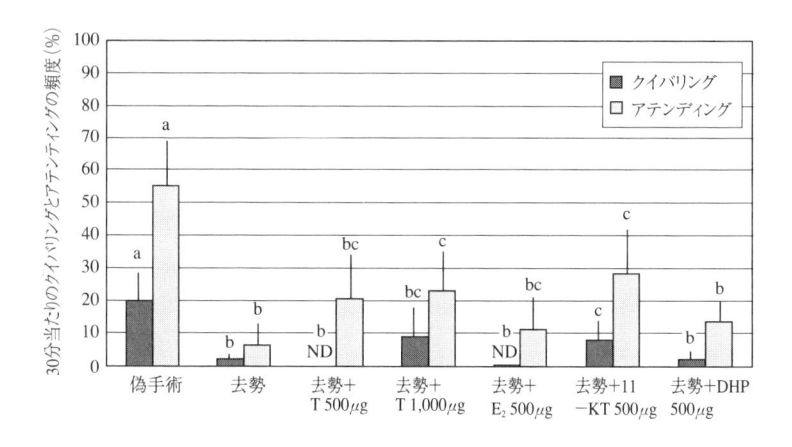

図9・8 サクラマス早熟雄の成熟雌に対する性行動（クイバリング，アテンディング）頻度に及ぼす去勢とテストステロン（T），エストラジオール-17β（E_2），11-ケトテストステロン（11-KT），17α20β-ジヒドロキシ-4-プレグネ-3-オン（DHP）投与の影響
データは平均値と標準誤差で表示．同じアルファベットが付されていないグラフの間には有意差（$p<0.05$）があることを示す．

§6. サクラマスの雄の性行動に与える エストロゲン様EDCsの影響

早熟雄の性行動へのエストロゲン様EDCsの投与効果を調べるため，8月より早熟雄にサイラスティックチューブを用いてE_2，NP，BPAそれぞれ$500\mu g$と5 mgを42日間投与し，10月より成熟雌に対するアテンディングとクイバリングの頻度を観察・比較した．その結果，E_2は雄の性行動に影響を与えなかったが，NPとBPAは抑制的に作用する傾向を示した（図9・9）．しかし，その抑制効果はあまり明確ではなく，用量効果もはっきり示されなかった．このことは，いったん成熟の進んだ雄に短期間エストロゲン様EDCsを投与しても性行動に大きく影響を与えないと考えられる．

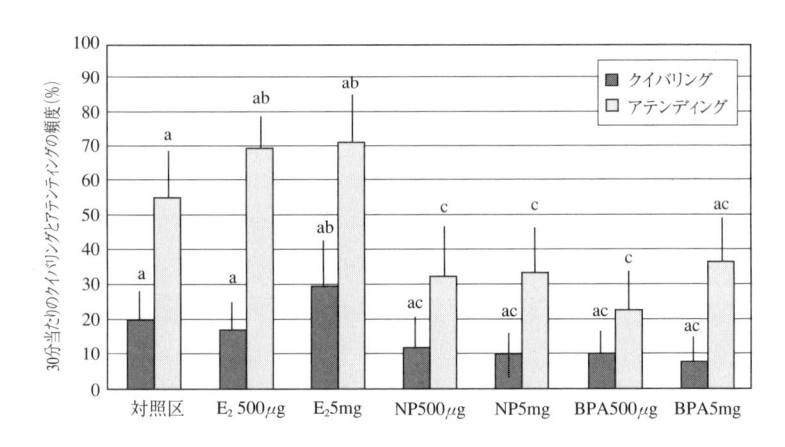

図9・9 サクラマス早熟雄の成熟雌に対する性行動（クイバリング，アテンディング）頻度に及ぼす17β-エストラジオール（E_2），ノニルフェノール（NP）およびビスフェノール-A（BPA）の影響
データは平均値と標準誤差で表示．同じアルファベットが付されていないグラフの間には有意差（$p < 0.05$）があることを示す．

そこで，まだ成熟開始の初期にあたる7月から早熟雄に3ヶ月間，NPおよびBPAを5，50，$500\mu g$と低濃度で長期投与し，10月より前記実験と同様に成熟雌に対する雄の性行動頻度を比較した．その結果，NP，BPAはさらに明確に雄性行動を抑制する傾向を示した（図9・10）．このとき，BPA投与区では50

μg 以上の投与で有意にアテンディングとクイバリングの両行動とも抑制され，雌に対する性衝動がほとんど失われてしまった．一方，NPはBPAよりも雄性行動の抑制効果が低く，500 μg 投与群よりも 50 μg 投与群で強い抑制が起こる現象が見られた．ステロイドホルモンでは，ある程度以上に用量が高くなると効果が逆に抑えられる作用を示す場合があることが知られている．マウスでは，胎児期に極めて低い濃度のDDT，メトキシクロールや合成エストロゲン

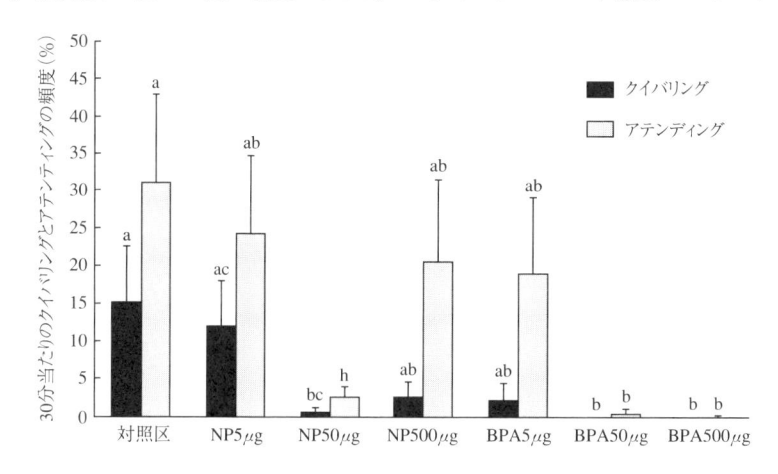

図9・10 サクラマス早熟雄の成熟雌に対する性行動（クイバリング，アテンディング）頻度に及ぼすノニルフェノール（NP）およびビスフェノール-A（BPA）の低用量長期投与の影響
データは平均値と標準誤差で表示．同じアルファベットが附されていないグラフの間には有意差（$p<0.05$）があることを示す．

のジエチルスチルベステロール（DES）に曝露されると，その後の雄の攻撃行動などが抑えられるという報告があり[17, 18]，低い曝露濃度において効果が現れる低用量効果があることが示唆されている．サクラマスにおいても，NPは雄の性行動をある特定の濃度範囲で抑制効果を示すという結果が示された．この実験では，腹腔内投与されたエストロゲン様EDCsの雄の性行動に対する抑制効果を観察した．この結果から，環境水の汚染によるエストロゲン様EDCsの影響を直接量的に評価することはできないが，EDCsは低濃度・長期曝露によって雄の性行動に対して影響を示すのではないかということが推察される．サクラマスの親魚は春に母川回帰し，河川内で数ヶ月間過ごし，成熟が完了する秋に産卵することが知られているが，河川生活中にNPなどのエストロゲン様

EDCs に曝露された場合，雄の性行動の活性が抑制され繁殖に影響を及ぼす可能性が考えられよう．

§7. まとめ

サクラマスの産卵における雄の性行動は，NP や BPA といったエストロゲン様 EDCs の低濃度の長期投与によって抑制されることが明らかとなった．産卵時におけるサクラマスの雄に特異的な性行動は，T や 11-KT などの投与によって促進されるが，E_2 の投与効果は見られず，アンドロゲンが直接促進していると考えられる．脳にはアンドロゲン受容体があることから[19]，11-KT は脳中枢神経系に直接作用して雄特異的な性行動を促している可能性が高い．NP および BPA の投与は雄の性行動を抑制したことから，エストロゲン様 EDCs は脳中枢神経系に何らかの作用を及ぼし，雄の性衝動を減ずると考えられる．このとき，NP は低濃度で効果が現れる低用量効果を示したため，低用量での長期曝露は，アンドロゲンによって促進される雄性行動を抑制すると考えられる．

ラットやマウスでは，胎児期にステロイドホルモンが中枢神経系の発達を促し，雄型あるいは雌型の脳を作ることが知られており，胎児期の EDCs の低用量曝露が雄の行動に影響を及ぼすことが報告されている[17]．魚類においては，脳の雌雄性については未だ不明であるが，本研究では成熟の進んだ雄へのエストロゲン様 EDCs 投与は効果が低く，成熟開始期からの低用量投与が大きな効果を示したことから，魚類においても成熟の進行とともに精巣より分泌されるアンドロゲンの作用によって雄型の脳が形成され，EDC はその過程を抑制したのではないかと考えられる．

一方，産卵のための河川遡上行動は，エストロゲンの作用によって促進されると考えられる．サケ科魚類の成熟に伴う母川回帰と河川遡上行動は，雌雄ともに発現するため，性に非特異的な行動と考えられる．T あるいは E_2 の投与は，雌雄に関係なくサクラマスの遡上行動を促進することから[4]，生殖腺より分泌された T が脳内でアロマターゼの代謝作用によって E_2 となり，行動中枢を刺激すると推察される．成熟期のサケ科魚類は，雄だけではなく，雌であっても卵巣から E_2 の前駆物質として大量に T が分泌され，高い血中濃度を示すことから，脳内に存在するアロマターゼとエストロゲン受容体が母川回帰や遡上行動と大きく関わっていると推察される．今回の実験では，NP や BPA は遡上行動

に対して影響を与えなかったが,血中E_2濃度の低下を引き起こしたことから,性行動実験のように低用量・長期間の投与を行ったとき影響が発現する可能性もあり,さらに詳細な研究が必要である.

一連の研究によって,NPやBPAといったエストロゲン様EDCsは,サケ科魚類の産卵における雄の性行動に対し抑制作用があることが明らかとなった.このことは,エストロゲン様EDCsによる環境水の汚染は,低濃度であってもサケ科魚類の産卵行動を抑制し,繁殖に影響を与える可能性を示している.しかし,今回実施した投与実験のみでは影響が現れる環境中の臨界濃度を正確に把握することが難しく,今後さらに詳細な曝露試験を行う必要があろう.また,エストロゲン様EDCsが魚類の繁殖行動に及ぼす影響の作用機構についても,行動を統御する内分泌メカニズムに関して基礎的な知見が未だ不足しており,性ホルモンによる中枢神経系の発達と行動の制御機構に関してさらに研究を進める必要がある.

〔生田和正・棟方有宗・北村章二〕

文　献

1) Mizuo, K. *et al.* (2004): *Neuroscience Letters*, 356 (2), 95-98.
2) Zara, S.M. and Penn, D.J. (2004): *Animal Behaviour*, 68, 649-664.
3) Ikuta, K. (1996): *Bull. Natl. Res. Inst. Aquacult.*, Suppl. 2, 23-27.
4) Munakata, A. *et al.* (2001): *Comp. Biochem. Physiol.*, B129, 661-669.
5) Ikuta, K. *et al.* (1985): *Aquaculture*, 45 (1-4), 289-303.
6) Ikuta, K. *et al.* (1987): *Gen. Comp. Endocrinol.*, 65 (1), 99-110.
7) Munakata, A. *et al.* (2000): *Zoological Science.*, 17, 863-870.
8) Madsen, S.S. *et al.* (2004): *Aquat. Toxicol.*, 68, 109-120.
9) Munakata, A. *et al.* (2001): *Gen. Comp. Endocrinol.*, 122, 329-340.
10) Valle, L.D. *et al.* (2002): *J. Steroid Biochem. Molecul. Biol.*, 82 (1), 19-32.
11) Afonso, L.O.B. *et al.* (2000): *Aquaculture*, 188, 175-187.
12) 新井康允・山内兄人 (1983): ホルモンの生物科学8,行動とホルモン,学会出版センター, p.173-188.
13) Stacey, N. and Kobayashi, M. (1996): *Hormones and Behavior*, 30 (4), 434-445.
14) Kobayashi, M. and Nakanishi, T. (1999): *Gen. Comp. Endocrinol.*, 115 (2), 178-187.
15) Páll, M.K. *et al.* (2002): *Hormones and Behavior*, 42 (3), 337-344.
16) 長浜嘉孝 (1991): 魚類生理学,恒星社厚生閣,p.243-286.
17) Vom Saal, F.S. *et al.* (1995): *Toxicol. Letters*, 77 (1-3), 343-350.
18) Palanza, P. *et al.* (1999): *Neuroscience and Biobehavioral Reviews*, 23 (7), 1011-1027.
19) Larsson, D.G.J *et al.* (2002): *Gen. Comp. Endocrinol.*, 128, 224-230.

⑩ 魚類の性分化と内分泌かく乱物質

魚類では，他の脊椎動物と同様に，発生過程の初期に性的未分化な生殖腺原基が形成される．生殖腺原基は，その後，遺伝的なシグナル或いは外部環境要因の影響を受け卵巣または精巣へと分化する．この過程を性分化と呼んでいる．性分化により初めて卵巣をもつ雌，精巣をもつ雄を生じ有性生殖が可能となる．性分化期の生殖腺は，性分化後の生殖腺と異なり一般的に外部からの刺激に対して容易に反応し不可逆的決定的影響を受け易い．性分化異常を引き起こす外部からの刺激としては，性ホルモン，pH，温度，内分泌かく乱物質（EDCs）などが知られている[1]．

表10・1 魚類の雌雄性
(Atz 1964[2], 余呉 1987[3] 改変)

I．雌雄異体現象
II．雌雄同体現象
A．機能的雌雄同体
a．同時的雌雄同体
b．隣接的雌雄同体
1．雄性先熟
2．雌性先熟
3．両方向性転換
B．痕跡的（非機能的）雌雄同体
a．副雌雄同体現象
b．幼時雌雄同体現象

魚類では雌雄異体魚の他に雌雄同体魚が多く見られる（表10・1）[2, 3]．雌雄同体魚の生殖腺は，卵巣組織と精巣組織を同時にもつ場合が多く見られる．また，雌雄異体魚でありながらもEDCs以外の影響で両組織が混在する生殖腺をもつ場合がしばしば見られる．EDCsの生殖腺への影響を調べる場合，十分にこのような現象があることを認識して研究を進める必要がある．

§1．魚類性分化の形態的特徴

始原生殖細胞は発生の途上で分化し，腸管背部の生殖腺原基予定域に集合する[4]．魚類の場合，始原生殖細胞はその後，体腔上皮に由来する体細胞に取り囲まれ，これが体腔内に突出して左右1対の生殖腺原基が形成される[5]．両生類以上の脊椎動物では生殖腺を構成する体細胞は体腔上皮由来の細胞よりなる皮質，中腎胚芽細胞由来の細胞よりなる髄質からなる．皮質が発達し，髄質が退行することで卵巣が分化し，逆に髄質が発達し，皮質が退行することにより

精巣へと分化する[6]．
　ティラピアでは性の形態的分化は，生殖細胞と体細胞の両方より判断することができる（図10・1）[7-9]．卵巣の分化の場合，生殖細胞が急激に増殖し卵原細胞の包嚢を形成する．その後，直ちに卵原細胞は減数分裂前期の卵母細胞へ

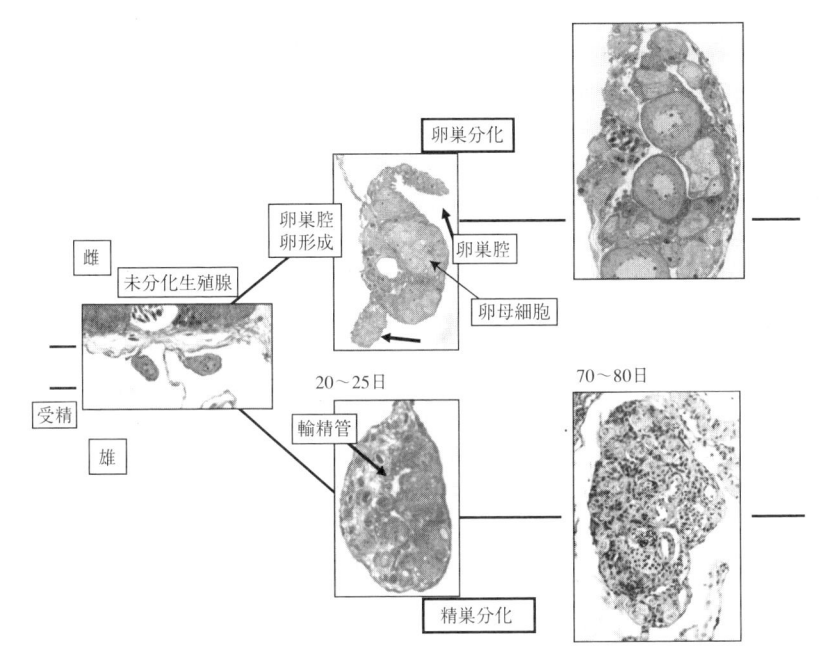

図10・1　ティラピアの性分化過程
孵化後20～25日に卵巣と精巣が分化する．卵巣の分化は，卵巣腔の形成と減数分裂期の卵母細胞の出現により，精巣の分化は輸精管の分化により明らかとなる．

移行する．引き続き，卵母細胞は肥大卵母細胞へと急激に発達する．一方，卵巣腔の形成による体細胞の分化もほぼ同じ時期に開始する．初め，体側壁側の卵巣の基部と先端部に体細胞の集塊が形成される．その後，両集塊は体側壁に向かって伸び，最終的に集塊の先端部分のみが融合し体側壁側に体細胞により取り囲まれて間隙ができる（図10・2B）．これは将来成熟した卵が排卵される卵巣腔となる．卵巣腔の形成過程は魚種により異なる．コイ，キンギョなどでは，卵巣の先端が体側壁に融合し，卵巣と体側壁の間に卵巣腔が形成される（図10・2A）．メダカ，グッピーなどでは卵巣分化が完了した後に左右の卵巣が

癒合，卵巣の背側に卵巣腔が1つ形成される（図10・2C）．ただ，サケ科の魚，ウナギ，アユなどでは明確な卵巣腔の形成がない．そのため，成熟した卵は直接体腔中に排卵される．

精巣の分化は生殖細胞が不活発なこともあり生殖細胞の分化が始まる前に体細胞の分化により明らかになることが多い[7-10]．輸精管の原基が，精巣の腸管膜に面する側の体細胞組織中に狭い列腔として形成される（図10・1）．輸精管の形成は，卵巣腔の形成と異なり種による違いは認められない．精子形成のための精原細胞の分裂，増殖，減数分裂への移行など，生殖細胞の活発な変化は卵巣の場合と比べて著しく遅れて始まる．

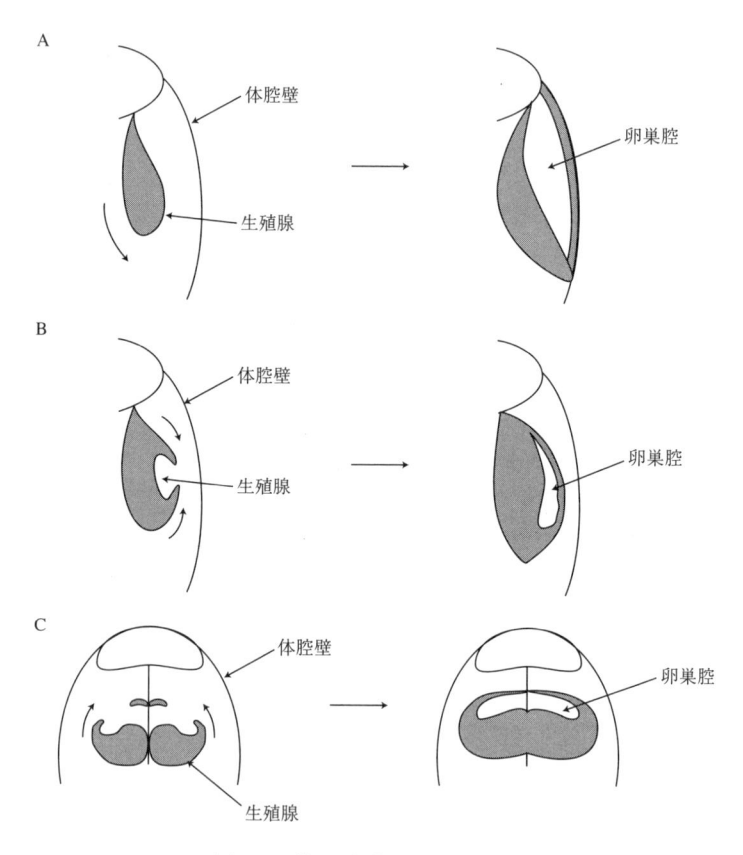

図10・2　種々の魚種の卵巣腔形成過程
A：コイ科の魚，B：ティラピア，C：グッピー，メダカ

両生類以上の高等脊椎動物では,雌性あるいは雄性生殖腺付属器官の原基としてミュラー管,ヴォルフ管の2種類が分化し,それぞれの生殖輸管系が作られる.しかし硬骨魚ではミュラー管の分化は見られず,ヴォルフ管は分化するが生殖輸管系の形成に関与しない.魚類の生殖輸管系は,生殖腺の後方から泌尿生殖孔に連なる体細胞組織より分化,形成される.

§2. 性分化の生理機構

EDCs の性分化への影響を解明するには,正常な性分化機構を詳細に解明することが必須となる.メダカでは,性が分化する時期に雌性ホルモン処理すると遺伝的な雄の生殖腺が卵巣へ,雄性ホルモン処理すると遺伝的な雌の生殖腺が精巣へと転換することから,性分化には内因性性ホルモン(様物質)が関与しているものと考えられてきた[11].ティラピアでは,性分化時に既に性ホルモンを合成,分泌する細胞であるステロイドホルモン産生細胞が分化していることが微細構造学的に確かめられ,性分化に内因性性ホルモンが関与している可能性が指摘されていた[12,13].しかしながら,性分化期の生殖腺は著しく小さいことから生殖腺でどのような性ホルモンが合成,分泌されているのか不明であった.近年いくつかの魚種を用いた研究により,性分化の機構の普遍性と多様性が明らかとなってきた.

現在,ティラピアを始めとしていくつかの魚種では遺伝的な雄,雌を100%産み分けることが可能となっている.基本的には,遺伝的雌(性決定遺伝子型がXX)の個体を性転換させた偽雄と正常雌XXとの交配により全雌を得ている(図10·3).一方,全雄は,性決定遺伝子型がYYの個体(超雄)を作り,

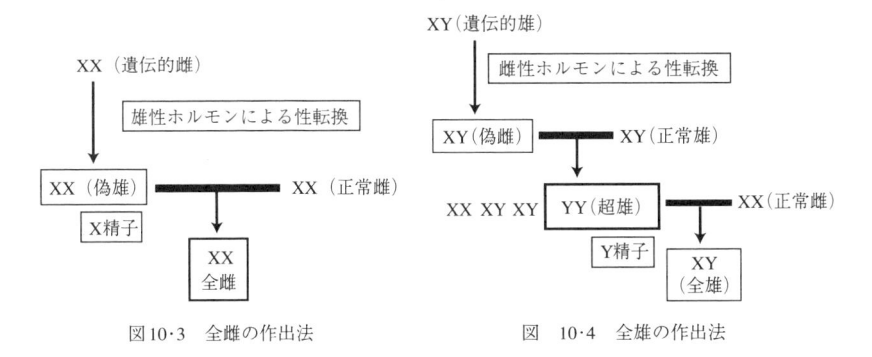

図 10·3 全雌の作出法　　　　図 10·4 全雄の作出法

正常雌との交配により作製している（図10・4）．このように雌雄の産み分けられた魚は，水産増養殖上有用なだけでなく性分化機構解明のための格好の研究モデルとなっている．また，EDCsの性分化への影響を明らかにする上でも有用である．

雌雄を産み分けたティラピアを用いて魚類の性分化機構の生理学研究が最も詳細かつ包括的に行われている[8-10,14]．生殖腺の中では種々のステロイド合成酵素が関係して雌性ホルモンや雄性ホルモンが合成される．これら酵素の中，コレステロール側鎖切断酵素（SCC），17α-水酸化酵素（c17），3β-水酸基脱水素酵素（3β-HSD），雌性ホルモン合成に必須のアロマターゼの抗体が作製された．全雌，全雄を用い，これらの抗体による免疫組織化学的観察を行うことにより，性分化過程における各酵素の発現が明らかとなった．その結果，遺伝的雌では形態学的に確認できる性分化以前にすべての酵素の発現が見られ，卵巣分化とともに発現強度や発現細胞数が増加することが明らかとなった（図10・5）．これら一連のカスケードを担う酵素群の免疫組織化学的証明は，性的分化期以前の生殖腺においてすでにステロイドホルモンの合成が始まっていることを示している（図10・6）．特にアロマターゼは雌性ホルモンの合成に必須の酵素であることから，雌性ホルモンの合成が始まっていると結論された．

さらに性ホルモンと関連する雌性ホルモン受容体（ER）の発現と性分化および性転換との関係を示す結果も報告されている．ティラピアでは2種類の雌

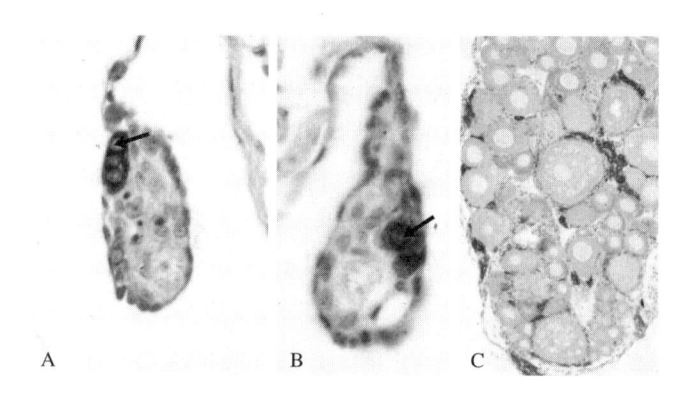

図10・5　ティラピア遺伝的雌の性分化に伴う抗アロマターゼ抗体による免疫組織化学
　　　　A：性的未分化期の生殖腺，強い免疫陽性反応をもつ細胞（矢印）が見られる．
　　　　B：卵巣分化期の卵巣，強い免疫陽性反応をもつ細胞（矢印）が見られる．C：
　　　　発達した卵巣，強い免疫陽性反応をもつ細胞が間質域に多く見られる．

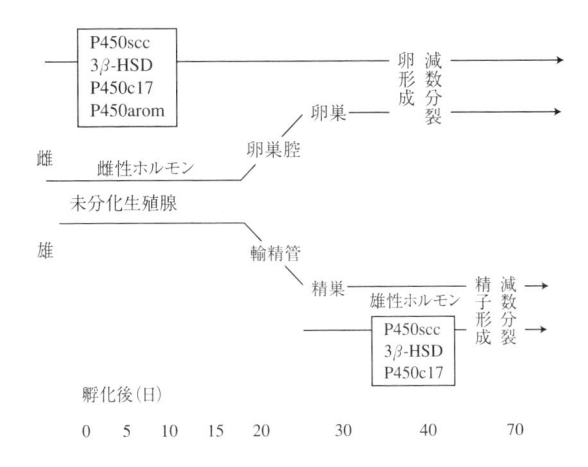

```
                  ┌─────────┐
                  │ P450scc │                    卵 減
                  │ 3β-HSD  │──────────┐   ┌── 形 数
                  │ P450c17 │          │   │    成 分
                  │ P450arom│       卵巣 ──┤       裂
                  └─────────┘          │
   雌    ───────雌性ホルモン───卵巣腔
         ────未分化生殖腺
   雄                     ───輸精管
                                 │              精 減
                                 └── 精巣 ──雄性ホルモン── 子 数
                                         ┌─────────┐      形 分
                                         │ P450scc │      成 裂
                                         │ 3β-HSD  │
                                         │ P450c17 │
                                         └─────────┘
  孵化後(日)
           0   5   10  15  20    30      40       70
```

図10·6　ティラピアの性分化に伴う種々のステロイド代謝酵素の発現

性ホルモン受容体（ERα, β）が同定されており，両者は性分化期の生殖腺では雌雄に関係なく発現している[15]．このことからも雌性ホルモンが働くと卵巣分化を引き起こし，雌性ホルモンが欠如すると精巣分化を引き起こすという仮説が支持される．したがって，雌性ホルモン様の働きをもつEDCsが魚類性分化に働くと性転換を引き起こすなどの影響が出るのは自然なものと考える．

遺伝的全雌，全雄を用いて性ホルモンと性分化の関係が分子生物学的手法により明らかにされてきている．アロマターゼ遺伝子を始めとするステロイド合成酵素遺伝子群の転写制御因子として知られているAd4BP/SF1のステロイド産生細胞における発現は，ティラピアでは性分化期では雌においてのみ観察される[16]．ヒラメでは遺伝的雌（XX）を高水温（27℃）または低水温（15℃）で飼育すると雄へと性転換することが知られている．熊本大学の北野らの研究グループは同一群の遺伝的雌を異なる水温で飼育することにより，雌（18℃）あるいは雄（27℃）へと分化誘導し，孵化後60日前後に性分化が開始されることを示した[17]．この時アロマターゼ遺伝子の発現変動を解析した結果，性分化開始期直後から雌では急激な発現上昇が観察されている．以上のように遺伝的雌では性的未分化期から女性ホルモンの合成が始まり，未分化生殖腺を卵巣分化へと誘導しているものと考えられる．しかし，メダカでは形態学的に生殖腺の雌雄差が初めて確認される孵化1日前（ステージ38）には遺伝的雌雄ともにアロマターゼの発現は見られず，アロマターゼの発現が最初に観察されるのは孵

化後5日から10日の間である(信州大・柴田ら,私信).

一方,ティラピアの遺伝的雄の生殖腺では未分化期から精巣分化直後にいたる一連の過程を通してステロイド合成酵素の抗体に対する免疫陽性反応は見られなかった(図10・6).精巣分化後しばらくたってアロマターゼ以外の酵素(SCC, c17, 3β-HSD)については弱い陽性反応が見られるようになるが,強い反応は,精子形成開始直前まで観察されない(図10・7).このことから,精巣分化には直接性ホルモンが関与している可能性は少ないものと考えられる.これに対してヒラメでは雌雄どちらの誘導水温においてもSCC, c17, アロマターゼならびに雄性ホルモン合成の必須酵素である11β-水酸化酵素(11β)の遺伝子が発現し,性分化開始以降になって雄ではアロマターゼ,雌では11βの発現が観察されなくなる(北野ら,私信).

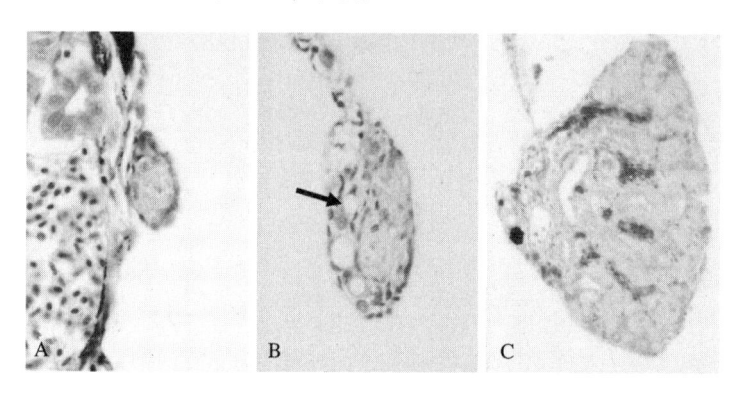

図10・7 ティラピア遺伝的雄のステロイド代謝酵素に対する抗体による免疫組織化学
A:性的未分化期生殖腺に対する抗アロマターゼ抗体による免疫組織化学,陽性反応は見られない.B:精巣分化後の精巣の抗3β-HSD抗体による免疫組織化学,弱い陽性反応を示す細胞(矢印)が見られる.C:成熟開始直前の精巣の抗c17抗体による免疫組織化学,強い陽性反応をもつ細胞が間質域に見られる.

性分化に雌性ホルモンが重要であるとする実験結果も得られている.ティラピアの全雌を用い,性分化期にアロマターゼ阻害剤であるファドロゾール(100, 200, 500μg/g餌料)を投与し,雌性ホルモンの合成を阻害すると200, 500μg/g餌料処理群のすべての個体が精巣をもつ雄へと性転換した(表10・2)[18].一方,ファドロゾール(500μg/g餌料)と雌性ホルモンの17β-エストラジオール(E_2, 250μg/g餌料)を同時投与するとこの性転換は抑制され卵巣が分化した(表10・2).同様な結果がやはりティラピアで報告されている[19, 20].ま

た，雌性ホルモンの拮抗阻害剤であるタモキシフェンを性分化期に投与（2 mg / g 餌料）すると，卵巣腔の形成が遅れたり，卵巣中に精巣組織が分化し雄化することが確かめられた[14]．ヒラメでも雌誘導水温で飼育した遺伝的雌にファドロゾール（100 μg / g 餌料）を投与するとアロマターゼ遺伝子発現の減少とともに雄への性転換が起こり，雌性ホルモン同時投与により回復することが報告されている[21]．これに対してメダカでは性分化開始直後である孵化直後からファドロゾールを投与し続けても，卵巣腔の形成は阻害されるものの，減数分裂開始や卵濾胞の形成など卵巣分化の初期過程は阻害されない[22]．

表10・2　全雌ティラピアの性分化に及ぼすアロマターゼ・インヒビターとエストラジオールの影響

	精巣（尾）	卵巣（尾）	合計（尾）
AI（μg / g 餌料）			
100	22	3	25
200	25	0	25
500	25	0	25
対照	0	25	25
AI（μg / g 餌料）500 ＋ E$_2$（μg/g 餌料）250	0	25	25
対照	0	25	25

ティラピアの遺伝的雄にE$_2$を投与し，卵巣への性転換を誘起する際には精巣分化に密接に関連する転写調節因子と考えられているDMRT1（DM-related transcription factor 1）の発現が抑制された[23]．また，ヒラメでも雄誘導水温で飼育した遺伝的雌個体にE$_2$を投与すると，卵巣腔形成，アロマターゼ遺伝子の発現が認められ，精巣形成時に特異的に発現するミュラー管抑制因子（MIS：Müllerian-inhibiting substance）の発現は見られなかった．このことは雌性ホルモンによる遺伝的雄の性転換，言い換えると卵巣分化は精巣分化の抑制と関連していることを示唆している（北野ら，私信）．

一方，ティラピア遺伝的雌（XX）に合成雄性ホルモンであるメチルテストステロン（MT）を投与すると性転換して精巣ができる（表10・3）．この性転換過程におけるステロイド代謝酵素の発現を免疫組織化学的に調べた．その結果，MT投与群ではアロマターゼを含む酵素群の免疫陽性反応はほとんど見られな

表10・3 ティラピア遺伝的雌の性分化に及ぼすメチルテストステロンの影響

	精巣（尾）	卵巣（尾）	合計（尾）
MT（μg/g 餌料）			
50	25	0	25
対照	0	25	25

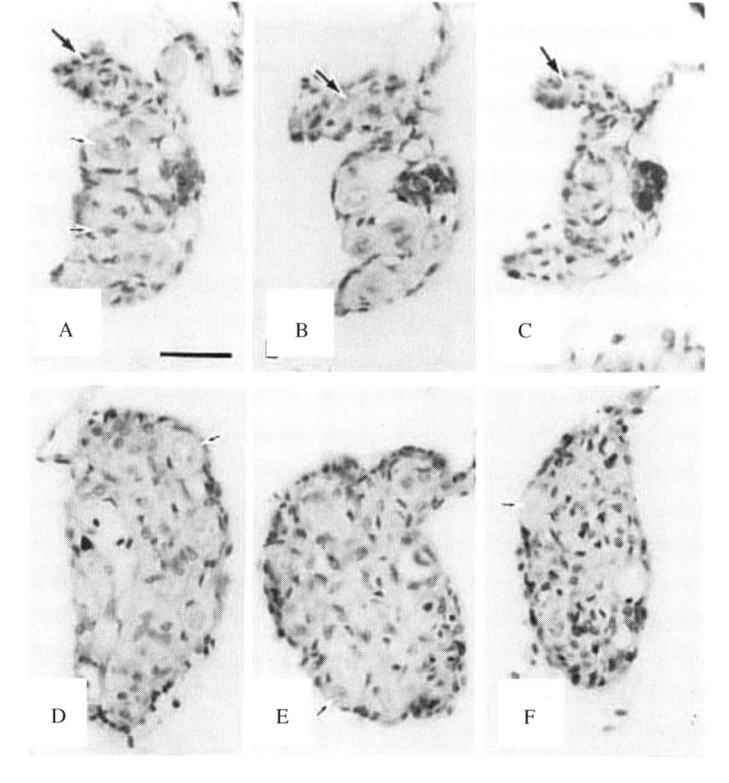

図10・8 ティラピア遺伝的雌におけるステロイド代謝酵素発現に対するメチルテストステロン（MT）処理の影響
孵化後8〜30日の期間，MTを50 μg/g餌料で投与した．A, B, Cは対照群，D, E, F はMT処理群の結果を示す．A, DはSCC, B, Eは3β-HSD, C, Fはアロマターゼに対する抗体による免疫組織化学像．対照群ではいずれも明確な陽性反応が見られるのに対して，MT処理群ではいずれも陽性反応は見られない．

かった（図10・8）．このことから，雄性ホルモンは一連のステロイド代謝酵素の発現を抑制し，その結果，性分化期に雌性ホルモンの合成が行われないことが示された．雌性ホルモンの欠如が，性転換に関係しているものと考えられる．長濱ら[16]は，同様の実験で，まず卵原細胞の周囲の細胞にDMRT1の発現が見られた後に精巣への性転換が始まり，この際にアロマターゼ遺伝子発現は急速に低下することを明らかにしている．アロマターゼ遺伝子発現の減少はMT投与によるヒラメの性転換においても報告されている[21]．硬骨魚では脊椎動物中唯一2種類の雄性ホルモン受容体（ARα，β）が同定されており，ティラピアでは性分化期に雌の生殖腺にのみ発現（ARβ）が確認されている．長濱ら[16]はアロマターゼ遺伝子の転写調節領域に抑制性の雄性ホルモン応答配列を見出しており，雄性ホルモン投与による雄への性転換はARβを介したアロマターゼ遺伝子の発現抑制によることを示唆している．このことは，EDCsの中に雌性ホルモンの合成系を抑制するような働きをする物質があれば雌の性分化に影響をもたらす可能性があることを示唆している．

§3. EDCsの魚類性分化に及ぼす影響

魚類におけるEDCsによる影響に関する知見の大部分は主に雌性ホルモン様の働きについてである．したがってEDCsの影響を明らかにするためにも雌性ホルモンの魚類性分化に及ぼす影響について知る必要がある．性転換を誘導する性ホルモン濃度は魚種により著しく異なることが知られている[24-27]．前述の遺伝的全雄のコイ，アマゴ，ティラピア，また人工飼育の場合殆どすべての個体が雄となるウナギを用いて雌性ホルモンの性分化に及ぼす影響を比較検討した（表10・4）．アマゴは性ホルモン感受期が摂餌開始前であるため飼育水中にホルモンを溶解して影響を調べた（未発表）．残りの魚種は，性分化が摂餌開始後に起こるので経口投与により実験を行った（環境中から魚類体内へのEDCsの移行経路について明快な量的解析は未だおこなわれていないので，浸漬投与と経口投与いずれが自然界での現状をより再現できているかは議論できない．また飼育水処理の場合薬品を大量に使うため実験排水により環境を汚染するおそれがある．そこでアマゴを除く魚は経口処理を行った）．実験には魚類の雌性ホルモンであるE_2と経口避妊薬に使われている合成雌性ホルモンのエチニールエストラジオール（EE_2）を使用した．その結果，ティラピアでは，

孵化後10日から40日までの性分化期を中心とした期間における投与実験において，E_2は1 mg / g餌料という著しく濃い処理濃度でも遺伝的雄を雌化しなかったが，EE_2は500 μg / g餌料で卵巣へと性転換を誘導した．コイでは，孵化後1ヶ月目から性分化の開始する孵化後2ヶ月半を含む4ヶ月間の投与実験においてE_2 1μg / g餌料処理で卵巣腔の形成が認められ，10 μg / g餌料以上の投与区で90％以上の個体に卵巣腔形成，精巣卵，完全な卵巣への性転換など，雌化の兆候が確認された（表10・5）．ウナギでは体長11 cm以下の性的未分化期から性分化期までのE_2処理を行った．その結果，1 μg / g餌料群では雌の割合が10％以下と低かったが，10 μg / g餌料処理群では雌の割合が約40％，20, 50, 100 μg / g餌料処理群では80％と雌の割合が著しく高く，雌化を引き起こした．アマゴは孵化後5日から30日までの性分化期における曝露により，

表10・4　ティラピア，アマゴ，コイ，ウナギの性分化に及ぼすエストロゲンと内分泌かく乱物質の影響

	アマゴ	ウナギ	コイ	ティラピア
E_2	20〜50 ng / L +	10 μg / g +	10 μg / g ±	1 mg / g −
EE_2	10 ng / L +	5 μg / g +		500 μg / g +
NP	50 μg / L +	1 mg / g −	1 mg / g +	10 mg / g +
BPA	1 mg / L ±	100 μg / g +		

図中の＋は，ほとんどの個体が性転換し卵巣となる濃度．±は精巣中に卵が出現したり性転換する濃度．−は影響がない濃度．

表10・5　遺伝的全雄コイ生殖腺に対するEDCsの影響

	Control	NP (100μg/g)	NP (1mg/g)	NP (10mg/g)		
検体数	10	18	20	21		
雌化率（％）	0	0	5	52		

	E_2 (10ng/g)	E_2 (100ng/g)	E_2 (1μg/g)	E_2 (10μg/g)	E_2 (100μg/g)	E_2 (1mg/g)
検体数	37	10	30	27	22	9
雌化率（％）	0	0	17	100	77	100

全雄コイ稚魚に孵化後1ヶ月から4ヶ月間，E_2またはNPを経口投与した．その後，孵化後12ヶ月まで飼育した後，定法により生殖腺の組織像を観察した．雌化率は組織学的に雌化の所見（卵巣腔形成，精巣卵，性転換）を確認した個体の出現率を示す．

E_2 20 ng / L で雌化が見られるようになり，50 ng / L で 100％雌化した．EE_2 処理では，10 ng / L のごく薄い濃度でも 100％性転換して雌となった．処理方法が異なるため正確に比較することができないが，魚種により影響の出る濃度に著しい違いがあることが強く示唆された．このように性分化に現れる影響は同じ濃度の雌性ホルモンでも種により著しく違う可能性がある．このことは同様の作用をもつEDCsに対しても種による感受性の違いが存在することを示唆している．

魚種による影響の差がどのような機構に基づいているのかについてはまだ明らかとなっていない．生体内における性ステロイドホルモンの作用発現には受容体を始めとしていくつかの段階での調節機構が存在することが知られている．血中に存在するステロイドホルモンの大部分は特異的結合タンパク質（SBP）と複合体を形成しており，これが血中濃度の調節に関わっている．また，ステロイドホルモンは肝臓において酵素の働きにより，グルクロン酸との抱合などの化学修飾を受けることで不活性化されて体外に排出される．これらの分子の魚種ごとにおける分子生物学的，生化学的特性の違いが個体レベルでの影響差に反映される可能性は大いにあり，今後とも幅広い種での情報の蓄積が必要である．

以下に筆者らの行ったティラピア，コイ，アマゴ，ウナギ性分化に及ぼすEDCsの影響に関する研究結果とこれまでに得られている他魚種での知見をまとめた．ノニルフェノール（NP）は工業用洗剤やプラスチックなど可塑剤として利用され，代表的なEDCsとして知られている．イギリスではNPが下水処理場の排水より 330 μg / L の高濃度で検出されている[28]．ニジマスで生殖異常を引き起こす閾値は 10 μg / L あると報告されている[29]．日本各地の環境中の濃度は多くは 0.5 μg / L 以下であるが，7.7 μg / L の濃度で検出される場所も報告されている[30]．卵生脊椎動物に対する雌性ホルモン様EDCsの影響を見る分子マーカーとしてビテロジェニン（Vg）が多用されている．そこでティラピアの肝細胞初代培養系を用いて異なる3社の薬品会社より販売されているNPがVg合成に及ぼす影響ついて調べた[31]．その結果，2社のNPは（10^{-4}M）で同程度にVg合成を誘導した．E_2は10^{-7}Mの濃度でほぼ同じ量のVgを誘導した．しかし，残りの1社のNPは，10^{-4}Mでも対照と同じ著しく低いVg値であった（図10・9）このことからNPは，雌性ホルモンと同じようにティラピアの肝細胞にVg合成を促すが，その効果は雌性ホルモンよりも遙かに弱いこ

とが明らかになった．また，NPのVg合成に対する効果の差は，各製品の純度（異性体組成）の違いによるものと考えられた．

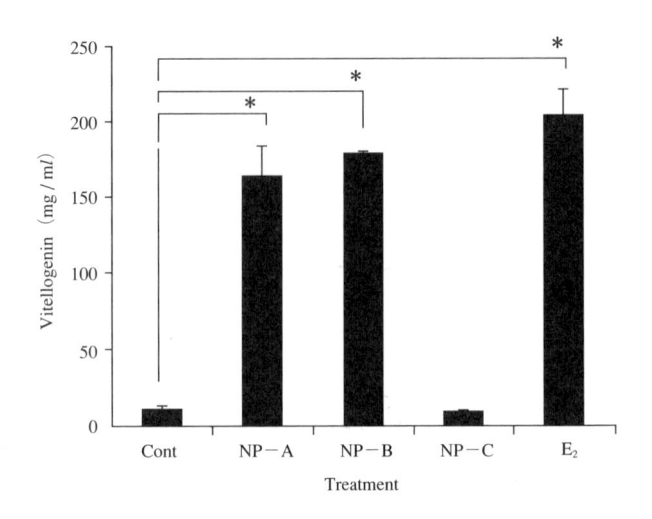

図10・9 異なる3社のNPとE_2のティラピア肝細胞初代培養系を用いたVgの合成 NPは10^{-4}M，E_2は10^{-7}Mで実験を行った．各実験区におけるVg濃度の平均値と標準誤差を示す．統計学的有意差を＊で表す．

次に，ティラピア肝細胞にVgの合成を促進した会社のNPを用いて全雄アマゴの性分化に及ぼす影響を調べた[32]．孵化後10日より50日までNP 100 μg / Lで曝露したところ，対照群は，すべて正常な精巣をもつ雄であったのに対して，NP曝露群では，精巣中に卵母細胞や卵巣組織が誘導された（図10・10）．中には完全な卵巣をもつ雌が出現した．このことから，NPは雌性ホルモンと同様に性転換を引き起こす力価をもつことが明らかになった．次に，孵化後5日から30日までNP 10, 20, 50, 100 μg / Lの濃度で処理を行った．その結果，10, 20 μg / Lの濃度では性分化に影響は見られなかったが，50 μg / Lの濃度で約70 %が，100 μg / Lの濃度ですべての個体の生殖腺は雌化した（表10・6）．アマゴ雄の性分化に影響を及ぼしたNP濃度はメダカで生殖腺に雌化をもたらす濃度とほぼ一致しており[33, 34]，E_2の場合と比較すると約1,000倍の濃度で影響がでることが明らかになった．これに対してNPはウナギでは，1 mg / g餌料，ティラピアでは10 mg / g餌料でも精巣分化に影響を与えなかった．全雄コイを用いた経口投与実験では孵化後1ヶ月目から4ヶ月間の投与で，NP 10 mg / g

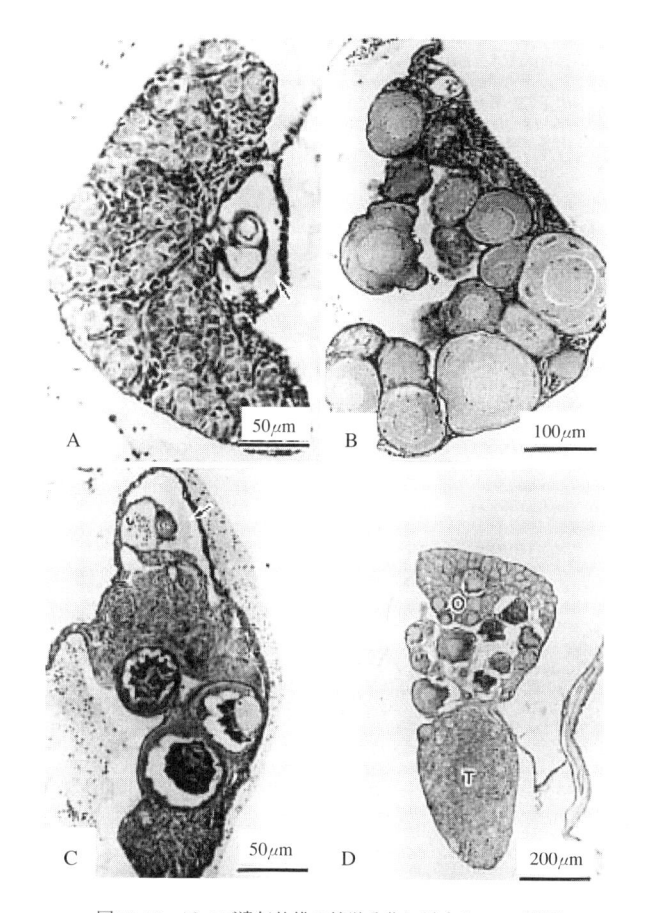

図10·10 アマゴ遺伝的雄の精巣分化に対するNPの影響
A, 対照区の正常精巣；B, NP処理区の生殖腺, 性転換した卵巣, 正常に発達した卵が見られ, 精巣組織は全く見られない.；C, NP処理区の魚の生殖腺, 精巣組織中に退行中の卵母細胞が見られる.；D, NP処理区の魚の生殖腺, 精巣組織と卵巣組織が同一生殖腺中に見られる.

表10·6 アマゴ遺伝的雄の性分化に及ぼすNPの影響　　出現頻度（％）

		個体数	雄	間性	雌
対照群		23	100	0	0
NP (μg/L)	10	10	100	0	0
	20	24	100	0	0
	50	11	36	36	28
	100	11	0	0	100

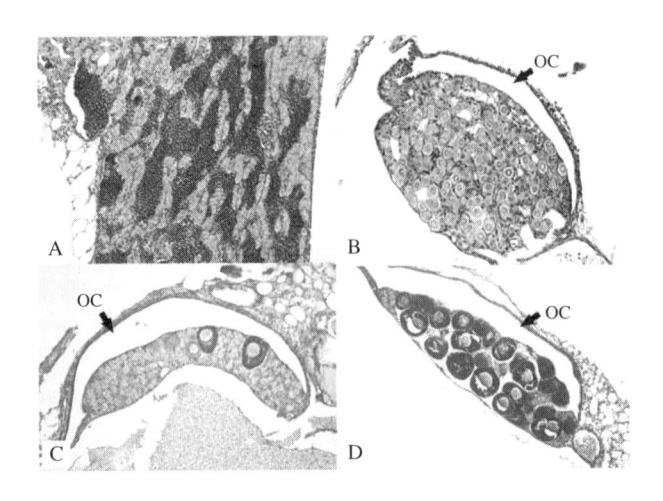

170 Ⅳ. 水産生物に対する影響と作用機構

図10·11　EDCsによるコイ遺伝的雄生殖腺の雌化
全雄コイ稚魚に孵化後1ヶ月から4ヶ月間，E_2またはNPを経口投与した．その後，孵化後12ヶ月まで飼育した後，定法により生殖腺の組織像を観察した．雌化各段階の典型例を示す．（A）対照群，（B）NP 1 mg/g餌料投与群，（C）E_2 100 μg/g餌料投与群，（D）E_2 1 mg/g餌料投与群．対照群では正常に精子形成が進行しているのに対して，投与群ではその影響の度合いに応じて，精巣内卵巣腔形成（B, C, D），精巣卵形成（C），卵巣への性転換（D）といった雌化の所見が観察された．OC, 卵巣腔

餌料処理区において約50％の個体に雌化の兆候が確認された（図10·11）．この濃度は同程度の効果を示すE_2濃度の約1,000倍にあたる（表10·4）．この実験で血中ビテロジェニンVg濃度を調べたところ，NP，E_2ともに組織学的に何らかの異常が観察された濃度区では投与開始2ヶ月目（孵化後3ヶ月目）の段階で曝露濃度依存的に通常の成熟雌で観察されるのと同等かそれ以上の極めて高濃度のVg（30〜170 mg/ml）が観察された（表10·7）．また，投与開始1ヶ月目のVg mRNA量を測定した結果でも同様の傾向が確認された．これにより稚魚期の遺伝的雄においても女性ホルモン様作用に依存してVgの合成が高まり，少なくともこの時期においてはVg合成と生殖腺の異常との間に相関性があることが初めて確認された．一方，Gimenoら[35]は全雄コイを使って孵化後50日から最長90日間，農薬の中間生成物である4-*tert*-ペンチルフェノール（TTP）（36〜256 μg/L）による浸漬実験を行い，性分化に及ぼす影響について調べている．その結果TTPは，Vgの誘導能力は弱いが，精巣中の始原生殖細胞数を濃度依存的に減少させ，精子形成を抑制し，更に，精巣組織中に卵母

細胞を誘導する作用があることを明らかにしている．

ポリカーボネートやエポキシ樹脂の原料となるビスフェノールA（BPA）ではアマゴ雄の性分化期の処理で1 mg／Lという高濃度で僅かの個体の精巣中に卵を誘導した．メダカでも同等の濃度で同様に雌化する[36]．しかし，ウナギの性分化期のBPA処理実験では，1, 10, 100 μg／g餌料でも生殖腺を卵巣へと性転換を誘導しなかった（表10・4）．

フタル酸ブチルベンジルはヒトERαに特異的に結合することが知られているが[37]，5,500 μg／Lでアマゴ雄の性分化に影響を及ぼさなかった．一方，ヒトERβに特異的に結合することが知られている4, 4'-ジヒドロキシビフェニールは，5 μg／Lでは影響は認められなかったが，50 μg／Lで12％が間性か完全に性転換した卵巣へと誘導した．100 μg／Lでは，すべて性転換して完全な卵巣であった．以上のことから，4, 4'-ジヒドロキシビフェニールは，NPと同等の雌化効果をもつことが明らかとなった（表10・8）（未発表）．

表10・7　EDCsによるコイ遺伝的雄稚魚のVg合成誘導

	Control	NP(100μg/g)	NP(1mg/g)	NP(10mg/g)		
Vg（mg／ml）	0	0.07	0.04	47.4		

	E_2(10ng/g)	E_2(100ng/g)	E_2(1μg/g)	E_2(10μg/g)	E_2(100μg/g)	E_2(1mg/g)
Vg（mg／ml）	0.08	0.04	0.05	27.0	115.1	176.4

全雄コイ稚魚に孵化後1ヶ月からE_2またはNPを経口投与し，投与開始2ヶ月目における血中Vg濃度を化学発光免疫測定法により測定した．数値は各群における測定値（検体数6個体）の平均値である．

表10・8　アマゴ遺伝的雄の性分化に及ぼす4, 4'-ジヒドロキシビフェニールの影響
出現頻度（％）

	個体数	精巣	間性	卵巣
対照群	23	100	0	0
5　　　（μg／L）	20	100	0	0
50	16	88	6	6
500	14	0	0	100

ヒラメビテロジェニン遺伝子プロモーターに接続したルシフェラーゼレポーター遺伝子と，ヒラメERαまたはβ遺伝子との魚類培養細胞内共発現系を用いて，3種の化学物質（NP，BPA，ゲニステイン）に対する2種のERの反応性が比較されている．その結果，NPとBPAはERαにより強く作用するのに

対して，ゲニステインはERα，βの両方に同程度に作用した[15]．一方，雄化誘導条件でヒラメ稚魚にこれらの化学物質を投与したところ，NP（100 μg/g 餌料）およびBPA（100 μg/g餌料）では，それぞれ30％，57％の雌化率を示したのに対して，ゲニステイン（100 μg/g餌料）では雌性ホルモンと同様に高い雌化率（96.7％）を示した．これらのことから，2種類のERに対する結合性など，化学物質ごとの作用機構の違いが雌化率に大きく影響すると推論している．

卵巣分化に及ぼすEDCsの影響についてはほとんど知られていない．ティラ

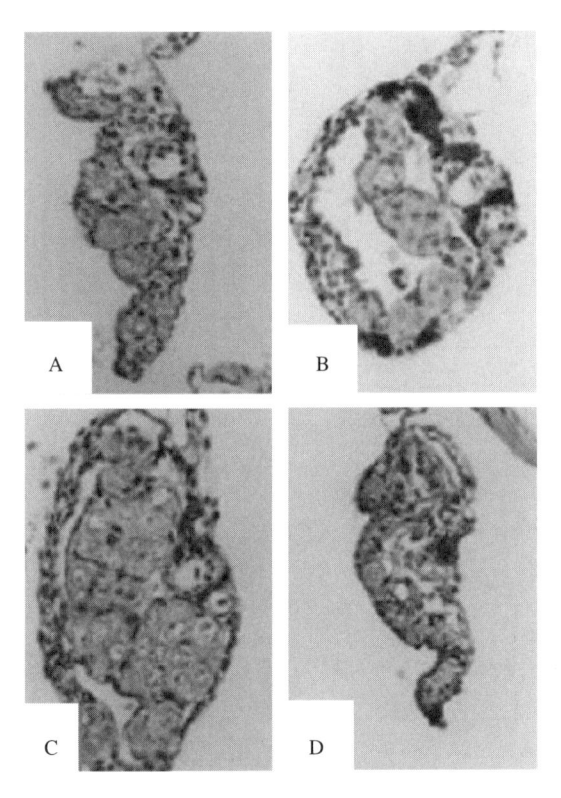

図10・12 ティラピア遺伝的雌の卵巣分化に及ぼすE_2, NP, TBTの影響
孵化後10～40日の期間，E_2（B），NP（C），TBT（D）を100 μg/g餌料で投与した．（A）は対照区の組織像．処理終了直後に抗アロマターゼ抗体による免疫組織化学染色を行った．E_2処理では，アロマターゼを強く発現（B），NP処理ではアロマターゼの発現には影響を及ぼさないが卵巣を発達させる（C）．TBT処理では卵巣の発達に影響を及ぼさない（D）．

ピア全雌群を用いて性分化期に E_2, MT, NP, TBT（100 μg/g 餌料）の経口処理を行い，性分化への影響を組織学的に調べるとともに，ステロイド代謝酵素の発現に及ぼす影響を免疫組織化学的に調べた（図10・12）．全雌ティラピアの性分化期の E_2 処理は，卵巣の分化に影響は見られなかったが，アロマターゼ免疫反応が強くなることから，アロマターゼの発現を促進するものと考えられた．NPは，アロマターゼの発現に明確に影響しなかったが，卵形成を促進し卵巣を発達させた．TBTは，アロマターゼの発現，卵巣分化へ影響しなかった．一方，北野らは雌誘導水温で飼育したヒラメ遺伝的雌に孵化後35日目から100日目まで0.1または1 μg/g 餌料の酸化トリブチルスズ（TBTO）を与えたところ，雄への性転換率の上昇にともなってアロマターゼ遺伝子の発現量が低下することを明らかにしている[38]．ティラピアとヒラメで観察されたTBTの影響の違いについては，その作用機構が未だ不明のため，その解釈は今後の研究を待たねばならない．Scholz and Gutzeit [39] は遺伝的雌雄の体色が異なる系統のメダカを用いて孵化直後から60日間，EE_2（1～100 ng/L）による浸漬処理を行った．その結果，遺伝的雌雄に関わらずアロマターゼ遺伝子の発現が上昇し，遺伝的雌では10 ng/L以上で産卵数が顕著に減少することを報告している．

以上のように今まで多くの魚種で様々なEDCsの性分化への影響が実験的に調べられてきた．EDCsの中には雌性ホルモン様の働きをもち，遺伝的雄を表現的雌へと性転換させる物質が多くあることは確かである．しかし，これらの化学物質が少なくとも単独で魚の性転換を誘導する濃度は，現在の水環境中で検出される濃度と比べると著しく高いことが明らかとなった．

§4. EDCsの性分化に及ぼす複合影響

自然の中では1種類の内分泌かく乱物質が単独で作用して性分化に影響を及ぼすとは限らず，自然界にある人畜由来の雌性ホルモンや異なる種々のEDCsと複合的に作用する可能性が強い．その場合，相加的に働くのか相乗的に働くものなのかについてはデータとしては著しく少ない．そこで全雄アマゴを使って E_2 とNPの複合処理により性分化に及ぼす影響を調査した（表10・9）（未発表）．単独では性分化に影響のない濃度の E_2（10 ng/L）に加えて種々の濃度のNP（10, 20, 50, 100 μg/L）を添加したところ，濃度依存的に精巣中に卵が出現する個体や完全な卵巣をもつ性転換した個体が増加し，雌化を誘導した最

表10・9 アマゴ遺伝的雄の性分化に及ぼすNPとE$_2$の複合作用

出現頻度（%）

	検体数	雄	間性	雌
Control	23	100	0	0
NP (10 μg/L)	10	100	0	0
NP (10 μg/L) + E$_2$ (10 ng/L)	29	90	0	10
NP (20 μg/L)	24	100	0	0
NP (20 μg/L) + E$_2$ (10 ng/L)	15	80	20	0
NP (50 μg/L)	11	36	36	28
NP (50 μg/L) + E$_2$ (10 ng/L)	17	18	35	47
NP (100 μg/L)	11	0	0	100

低濃度はNP単独の場合よりも低かった．したがって，複合的に作用して性分化に影響を与えることは間違いないことを示している．しかし，NPの増加にともない急激な雌化が見られないことから相乗効果よりもむしろ相加効果として働いている可能性が高い．

自然の河川水に含まれるEDCsの魚類性分化に及ぼす影響を直接調べた研究は見られない．そこで感受性が高い性分化期の遺伝的全雄アマゴを用いて，EDCsを複数含むと考えられる都市部の下水処理場最終処理水（浅川，八王子市北野）および河川水（多摩川，多摩市一宮），比較的汚染が少ないと考えられる山間部の河川水（鶴川，山梨県上野原市）による飼育実験を行い，性分化への影響を調べたところ，すべての個体で正常な精巣が形成され，影響は見られなかった．同様の結果は遺伝的全雄コイを用いた飼育実験からも得られている．これらの実験では環境中から採取した試料水を研究室に持ち帰り，冷暗所保管を行いつつ，定期的に飼育水交換を行っている．したがって，微生物などによる保管中のEDCs分解の可能性は否定できない．しかし，河川環境中でも同程度の分解は生じていると考えられるため，調査した地点におけるEDCsの影響は少なくとも性分化に影響を及ぼすほどの強度ではなかったと推察される．

（平井俊朗・中村　將）

文　献

1) 中村　將 (1999)：海洋, 32, 304-312.
2) Atz, J.W. (1964)：Intersexuality vertebrates including man. Academic Press, London , pp.145-232.

3) 余吾　豊（1987）：魚類の性転換，東海大学出版会，pp.1-47.
4) Yoshizaki, G. et al.（2002）：Fish. Physiol. Biochem., 26, 3-12.
5) Hoar, W.S.（1969）：Fish Physiology, Vol. III. Academic Press, New York, pp.1-72.
6) Witschi, E.（1957）：J. Fac. Hokkaido Univ., Ser. VI, Zool., 13, 428-439.
7) Nakamura, M.（1978）：Ph.D. thesis. Hokkaido University, Hokkaido, Japan. pp.1-104.
8) Nakamura, M. et al.（1998）：J .Exp. Zool., 281, 1-13.
9) 中村　將（2000）：日水誌，66，376-379.
10) Strüssmann, C. A. and Nakamura, M.（2002）：Fish. Physiol. Biochem., 26, 13-29.
11) Yamamoto, T.（1969）：Fish Physiology, Vol. III. Academic Press, New York, pp.117-175.
12) Nakamura, M., and Nagahama Y.（1985）：Dev. Growth Differ., 27, 701-708.
13) Nakamura, M., and Nagahama Y.（1989）：Fish Physiol. Biochem., 7, 211-219.
14) Nakamura, M. et al.（2003）：Fish Physiol. Biochem., 28, 113-117.
15) Nagahama, Y. et al.（2004）：Environ. Sci., 11, 73-82.
16) 長濱 嘉孝ら（2003）：日本比較内分泌学会ニュース，108，4-14.
17) Kitano T. et al.（1999）：J. Mol. Endocrinol., 23, 167-176.
18) Nakamura M. et al.（1999）：Proceedings of the 6th international symposium on the reproductive physiology of fish. pp.247-249.
19) Kwon J. et al.（2000）：J. Exp. Zool., 287, 46-53.
20) Afonso L.O.B. et al.（2001）：J Exp Zool., 290, 177-181.
21) Kitano T. et al.（2000）：Mol. Reprod. Dev., 56, 1-5.
22) Suzuki, A. et al.（2004）：J. Exp. Zool., 301A, 266-273.
23) Kobayashi, T. et al.（2003）：Cytogenet. Genome Res., 101, 289-294.
24) Schreck, C.B.（1974）：Control of Sex in Fishes. Virginia Polytechnic Institute and State University, Blacksburg, pp.84-106.
25) Hunter, G.A., and Donaldson, E. M,（1983）：Fish Physiology, vol. IX. Academic Press, New York, pp.223-303.
26) Yamazaki, F.（1983）：Aquaculture, 33, 329-354.
27) Piferrer, F.（2001）：Aquaculture, 197, 229-281.
28) Harries J.E. et al.（1997）：Environ. Toxico. Chem., 16, 534-542.
29) Jobling S. et al.（1996）：Environ. Toxico. Chem., 15, 194-202.
30) 奥村為男（1988）：第7回環境化学討論会要旨，74-75.
31) Kim, B. H. et al.（2002）：Fish. Sci., 68, 838-842.
32) Nakamura, M. et al.（2002）：Fish. Sci., 68, 1387-1389.
33) Gray, M.A., and Metcalfe, C.D.（1997）：Environ Toxicol Chem., 16, 2884-2890.
34) Yokota, H. et al.（2001）：Environ. Toxicol. Chem., 20, 2552-2560.
35) Gimeno, S. et al.（1998）：Aquat. Toxicol., 43, 7-92.
36) Yokota, H. et al.（2000）：Environ. Toxicol. Chem., 19, 1925-1930.
37) 名和田　新（2002）：科学技術振興事業団戦略的基礎研究推進事業「内分泌かく乱物質」第1回領域シンポジウム講演要旨集，pp.59-66.
38) Shimasaki Y. et al.（2003）：Environ. Toxicol. Chem., 22, 141-144.
39) Scholz, S. and Gutzeit, H.O.（2000）：Aquat. Toxicol., 50, 63-373.

V. 今後の研究のために

⑪ 研究のまとめと今後の課題

§1. 研究のまとめ

1・1 水域汚染の実態と水域環境における動態
1) 培養細胞を用いる in vitro 法による汚染実態の把握

環境試料からエストロゲンおよびエストロゲン様内分泌かく乱物質(エストロゲン様EDCs)を抽出する際に,抽出溶媒としてジクロロメタンを用いる液－液抽出では,抽出物中に細胞毒性を示す物質が存在し,Sep-PakC18カートリッジを用いた固相抽出の場合と結果が異なることが明らかとなった.

大阪湾全域のエストロゲン活性(17β-エストラジオール(E_2)当量値)の水平分布は,一般的には沿岸域や湾奥部で高い傾向が認められた.河川水中のエストロゲン活性の変動幅は経日的にも大きく,降雨などの気象条件に左右される.下水処理において,エストロゲン活性は各処理工程を経るに従い低下するが,最終放流水中にも含まれている.

北海道から九州までの沿岸海水や河川水について,エストロゲン活性を求めたところ,下水処理場に近接した地点で採取した試水は高い値を示し,下水放流水が河川や沿岸水のエストロゲン活性に強く影響していることが明らかとなった.水中のエストロゲン活性に対して,エストロン(E_1)＞E_2＞エチニルエストラジオール(EE_2)の順で一般に寄与率が高く,アルキルフェノール類やビスフェノールA(BPA)などの寄与は極めて低かった.

2) 東京湾海水および底質中のエストロゲンおよびエストロゲン様EDCs
による汚染の現状

環境水の汚染状況

東京湾などの流入河川水,海水中にエストロゲン様EDCs(アルキルフェノール類とBPA),天然エストロゲン(E_2, E_1),および合成エストロゲン(EE_2)が広く分布していることが明らかになった.それらの濃度は下水処理水で最も

高く，河川水，湾奥の海水，湾口の海水の順に低下した．

底質の汚染状況

東京湾の堆積物でも海水と同様に数種のエストロゲンおよびエストロゲン様EDCsが検出され，エストロゲン活性には，主に天然エストロゲンの寄与が大きかった．

柱状堆積物中で汚染の履歴を見るとアルキルフェノール類，天然エストロゲンは1970年付近に極大をもち，その後表層へ向けて減少する傾向，BPAについては表層に向けて増加傾向が観測された．東京湾岸にNPのホットスポット汚染が見つかり，NPのエストロゲン活性への寄与率が50％を超える地点もあった．

東京湾におけるエストロゲンおよびエストロゲン様EDCsの収支

東京湾におけるアルキルフェノール類，BPA，および天然エストロゲンの物質収支計算で，NPは堆積物への移行が相対的に大きく，BPAは外洋への排出が多く，天然エストロゲンは湾内での分解が相対的に大きいことが明らかになった．

内分泌かく乱作用に対するエストロゲンおよびエストロゲン様EDCsの寄与

下水，下水処理水，河川水，東京湾海水，東京湾堆積物中で各物質のエストロゲン活性への相対寄与度を見ると，天然エストロゲンの寄与が全体の90％以上を占めていた．一方，アルキルフェノール類の寄与は総じて相対的に小さく，NPが最大8％程度寄与していたが，OP，BPAについては寄与率が極めて小さかった．

3) 環境動態のまとめ

わが国の河川，沿岸海水，底質中には，エストロゲン様EDCs（アルキルフェノール類とBPA），天然エストロゲン，および合成エストロゲンが広く分布していることが明らかになった．河川および沿岸海水のエストロゲン活性は，主に下水処理場に由来する天然エストロゲンの寄与が大部分で，NPやBPAの寄与は低いことがわかった．これら物質の堆積物中の濃度の変化を見ると，総じて近年減少の傾向にあり，汚染状況はやや回復傾向にあると推定された．本書の水生生物に対する影響実態や作用機構に関する研究結果と比較して考察すると，環境水中の現状のエストロゲン活性は，全般的に問題となるレベルではないと推察される．しかし，底質については湾岸にNPのホットスポット汚染

が認められたことから，局地的な汚染実態について今後も調査を行うことが必要である．

1・2 水産生物に対する影響実態と評価
1）魚類に対する影響実態
Vg および Cg 測定法の開発

エストロゲン様EDCsの影響評価のための生化学的指標として，卵黄タンパク質の前駆物質，ビテロジェニン（Vg）の測定方法をコイ，ウグイ，マハゼ，トビハゼ，イシガレイ，ボラ，メイタガレイ，マガレイ，コウライアカシタビラメ，シロギス，ボラについて確立した．また，卵膜タンパク質の前駆物質，コリオジェニン（Cg）は，分子量の大きいタンパク質（CgH）と小さいタンパク質（CgL）に区分してその測定方法をマコガレイについて確立した．

各種エストロゲン様EDCsによるVgおよびCgの誘導

マハゼ血中のVgを誘導する各種エストロゲン様物質の最低濃度（閾値）は，E_2で10 ng/L，E_1で27 ng/L，NPで19 μg/L，また，BPAで134 μg/L超であった．一方，マコガレイの血中CgHを誘導するE_2，E_1およびE_3の閾値は，それぞれ，30 ng/L，100 ng/L，1,000 ng/L超であり，また，CgLを誘導する閾値はE_2で10 ng/L，E_1で30 ng/L，E_3で1,000 ng/L超であった．CgHとCgLのエストロゲン様EDCsに対する感度を比較すると，CgHの感度はVgに比較して若干劣るものの，CgLはVgとほぼ同じ感度を有するとともに，特に，閾値付近の極低濃度曝露ではVgよりCgLの濃度が高まることが明らかにされ，CgLは高感度バイオマーカーであることがわかった．

VgおよびCgの周年変化と影響実態調査における注意事項

ウグイ，コイおよびマコガレイを用いた調査において，雄魚の血液中にVgおよびCgが検出され，その濃度に周年変化が認められた．ウグイおよびコイの血中Vg濃度は産卵後の夏期に低く，成熟の始まる冬から次第に高くなることが明らかになった．海産魚のマコガレイ雄では，血中VgやCg濃度は産卵期直前に最高値を示した．これらのVgおよびCg濃度の周年変化から，エストロゲン様EDCsの影響実態の評価のためには，調査時期，対象魚の性別，成熟度などを考慮しなければならないことが明らかになった．ウグイ，コイおよびマコガレイを対象魚と選定した場合，雄魚のVgおよびCg濃度の低い時期（コイおよびウグイでは8月から11月，マコガレイの場合には1月から5月）に調査を

実施し，また，複数年にわたって調査を実施する場合には調査時期を統一する必要があることが明らかになった．

影響実態の評価

下水処理場付近や市街地で採捕されたウグイ雄の血中からは，他の地点で採捕された雄魚に比べて高レベルのVgが検出された．また，血中のE$_2$濃度も高かった．Vgの高い水域の河川水にはE$_2$，E$_1$およびEE$_2$が検出され，原因物質は天然および合成エストロゲンの可能性が高いことが示唆された．

沿岸域に生息するマハゼを対象とする1998年と1999年に実施した調査では，大都市近傍で採捕した一部の魚類の血中Vg濃度は，10 ng/LのE$_2$に3週間曝露した魚類に検出される濃度と同程度であった．調査地点の海水中にはE$_2$やNPが検出されたが，その濃度は単独で曝露した場合に魚類血中Vgを誘導する濃度よりは低かった．

広島湾および東京湾で採捕したマコガレイ並びに有明海で採捕したトビハゼおよびコウライアカシタビラメの雄魚血中には，異常なレベルでのVgあるいはCgは検出されなかった．しかし，大牟田川河口域で秋期に採捕したトビハゼ雄魚にはVgの上昇が認められた．大牟田川河口域底質を用いた曝露試験においてトビハゼ血中にVgの上昇が認められ，底質を介する影響のあることが示唆された．

血中に高濃度のVgが検出された個体であっても，生殖腺には形態および組織学的異常は認められず，その影響の程度はまだ繁殖あるいは種の存続を脅かすほどのものでないと考えられた．これらの影響実態把握の調査結果から，エストロゲンおよびエストロゲン様EDCsの影響は市街化した河川や大都市近傍の一部の水域に限定され，沿岸域など広域の水域に拡大している可能性は小さいと考えられる．

2）アサリに対する影響実態

影響評価指標（バイオマーカー）の測定法の開発

アサリの卵および精子に特異性の高いモノクロナール抗体を作製して酵素抗体法による卵および精子の検出系を構築した．また，ミトコンドリアの雌雄差を検出することによる遺伝的性の判定法を構築した．開発した検出系と遺伝的性の判定法並びに組織異常の観察を併用して，雌雄の判別および間性（雌雄同体）の機能的性の変異を評価することができる簡易判定法を確立した．

エストロゲン様EDCsによるバイオマーカーの誘導

開発した機能的性の変異を調べるバイオマーカーは，環境水中の濃度に比較するとはるかに高い濃度，500 ng/L以上のE_2濃度でしか誘導されなかった．また，NPは，調べた濃度範囲では機能的性の異常，間性を引き起こさなかった．これらの結果から，エストロゲン様EDCsに対するアサリの感受性はかなり低いことが示唆された．

影響実態の評価

これらの開発した方法を用いて，遺伝的性と機能的性（間性）との差異を明らかにすることによりアサリの性の異常を検討した．

2001年に実施した東京湾の調査において，湾奥の水域において間性の個体が高率で認められた．また，これらの地点では，他の地点に比較して遺伝的性とは異なる配偶子を有する個体の比率が有意に高かった．アサリの性に異常が認められた地点の海水中エストロゲン様EDCs濃度は，アサリ飼育試験で間性を引き起こしたE_2濃度（500 ng/L）に比較すると著しく低い．したがって，底質中エストロゲン様EDCsのアサリの生殖腺異常に対する影響が危惧されるが，今後さらに検討する必要がある．

これらの影響実態把握の調査結果から，エストロゲン様EDCsのアサリに対する影響は魚類と同様に，都市排水や下水処理場排水の影響を受けやすい大都市近傍の一部の水域に限定されていることが明らかになった．

1・3 水産生物に対する影響の作用機構

1）動物プランクトンに対する作用機構

動物プランクトンでは，エストロゲン様EDCsを含む12種の化学物質を用いた曝露試験において，生存には影響を与えないが生殖特性に変化を生じる物質が存在することが明らかにされた．NP，OPおよびBPAは，カイアシ類の成熟を遅延させた．E_2は，カイアシ類の産卵数を増大させたが，他の化学物質に曝露した場合には，逆に産卵数が減少するケースが多かった．また，メフェナセットとイソプロチオランは，雄の割合を増加させた．E_2の存在下では，ミジンコは出生したのち短期間で成熟するとともに，産仔数も増大し，その傾向はE_2に曝露していない以後の3世代についても継続的に観察されている．産仔数の増加は，NPに曝露した親世代に対しても見られたが，F_1以降に対しては継続しなかった．またBPAはミジンコの生殖特性に影響を与えなかったが，OPとメトプレンは，ミジンコの成熟を遅延させるとともに産仔数を減少させた．

2）魚類に対する作用機構

魚類では，発生段階によって異なる影響とその作用機構が明らかにされた．

性分化に対する影響

孵化後間もない性分化期に及ぼす影響は，テラピアやアマゴなどを使って調べられ，エストロゲンが卵巣分化誘導物質として働いていること，精巣分化にはステロイドホルモンは関与せず，エストロゲンが働かないことが重要であることが明らかにされた．一方，アンドロゲン投与により，ステロイド代謝酵素の発現抑制が原因と考えられる遺伝的雌の雄化が誘導された．エストロゲンやエストロゲン様EDCsの性分化への影響は魚種により著しく差があり，感受性の強い魚と弱い魚がいること，NPは遺伝的雄のアマゴを確実に正常な卵巣をもつ雌に性転換させることが示された．また，アマゴの雄の雌化を指標とした場合，NPはE_2の1/1,000程度の活性を有することが明らかにされた．

精子形成に対する影響と作用機構

マダイでは，精子形成開始期においてエストロゲンが精子形成を抑制することが明らかとなり，血中11-ケトテストステロン（11-KT）の低下が認められた．しかし，エストロゲンあるいはエストロゲン様EDCsの投与は，精子形成開始期，精子形成期，および産卵期においても，雄マダイのGnRH前駆体やGTH遺伝子の発現量には影響を及ぼさなかった．さらに，EE_2を投与した雄マダイから取り出した精巣は，GTHを投与しても11-KTの生成が認められず，17α-ヒドロキシプレグネノロンの生成が抑制されていた．以上の結果から，エストロゲン様EDCsは直接精巣に作用し，17α-水酸化酵素活性を低下させることにより11-KT産生量を低下させ，精子形成が抑制されることが示唆された．

生殖行動に対する影響

生殖行動に及ぼす影響は，サケ科魚類を使って調べられ，産卵遡上行動は，エストロゲンによって促進され，アロマターゼ阻害剤によって抑制された．雄においては，精巣から分泌されたテストステロンが脳内でE_2に変換され，直接中枢神経に作用していると考えられた．しかしながら，NPやBPAなどのエストロゲン様EDCsは，産卵遡上行動には影響を与えなかった．雄の性行動は，アンドロゲンによって促進されたが，E_2は影響せず，NPやBPAによって抑制された．この場合のNPやBPAの影響は，抗アンドロゲン作用と考えられ，低用量で長期投与において顕著に現れるため，実環境における影響が危惧される．

以上，エストロゲン様EDCsの魚類への作用を発生段階別に整理すると，ま

ず，孵化後間もない性決定期には，遺伝的雄を機能的雌に転換するとともに，精巣卵を誘発する．成熟の開始期においては，雄の11-KTを低下させることにより精子形成を抑制する．また，産卵期の雄では，性行動を抑制することが明らかになった．

§2. 今後の課題

　本書では，多種多様なEDCsの中でも，特に，エストロゲンおよびエストロゲン様作用を有する化学物質の水生生物影響に関する研究成果を取りまとめた．EDCsの水生生物に対する影響の全貌を解明するためには，さらに多くの課題が考えられる．今後の課題のごく一部分と考えられるが以下に列挙してみたい．
　1) 水生生物に対する影響を考慮したスクリーニング手法の確立
　我々の現代の生活は化学物質によって成り立っているといっても過言ではなく，わが国でも約6万種類の化学物質が使用され，その数は年々増大している．これらの膨大な種類の化学物質の中から内分泌かく乱作用を有する物質を予知することは，EDCsによる水域汚染対策の検討において重要である．EDCsのスクリーニングのために無細胞系受容体結合試験，酵母を用いたツーハイブリッド試験などが開発されているが，これらの方法は，哺乳動物のエストロゲン受容体遺伝子を用いた系により受容体との結合能あるいはレポーター遺伝子の発現誘導能を調べる方法である．これらの方法の他に，本書において川合が報告しているように，乳ガン由来細胞やIshikawa-cellなどの増殖により内分泌かく乱作用を検出する方法も開発され，実用化されている．しかし，これらの*in vitro*試験方法は哺乳動物の細胞や遺伝子を活用し，哺乳動物に対する影響を予測する手法であるので，水生生物に対する直接的な影響を調べるためには，水生生物の遺伝子発現や細胞増殖を指標とする試験法の開発が必要である．川合により，魚類のCgの合成遺伝子制御領域をセンサーとし，緑色蛍光タンパク質（Green Fluorescent Protein：GFP）をレポーターとする遺伝子を導入したメダカ（トランスジェニックメダカ）を用いる方法が研究されているが，研究成果が期待される．また，*in vitro*スクリーニング試験方法の精度向上のためには，*in vivo*試験により得られた結果と魚類などを用いる*in vitro*試験結果との比較・検証も重要な課題であると考えられる．

2）底質中EDCsの影響解明

　一般的に疎水性の化学物質は懸濁物質へ吸着し易く，沈降・堆積を通して底質に長期間残留する傾向がある．本書において中田らが報告しているように，NP，BPAなどのエストロゲン様EDCsの底質中濃度は，それらの水中濃度よりも高く，これらの物質が底質中に沈降・堆積し，残留することが明らかである．

　底質中のEDCsは，水中へ再溶出した後に各種水生生物に移行する可能性もある．一方，底質表面に堆積するデトリタスを餌料として摂取する底生生物が餌料摂取の際に底質も取り込み，同時に底質中EDCsが底生生物に移行し，さらには食物網を通して魚類にも移行・蓄積する可能性が考えられる．このように，底質中のEDCsは水生生物の内分泌かく乱を引き起こす原因の1つであると考えられるが，底質中のEDCsの濃度など汚染実態，水・底質境界面における挙動および水生生物への移行・蓄積の機構はほとんど解明されていない．これらに関する研究の深化および水生生物の内分泌かく乱に対する底質の役割を評価することは今後の重要な課題である．

3）エストゲン様EDCsの魚類繁殖阻害に対する影響評価について

　EDCsの影響を検討する際，漁業の立場に立てば，水産資源の維持・増大に対し悪影響を及ぼすかどうか，すなわち，魚類繁殖阻害に対する影響解明が最も重要となる．このためには，魚類繁殖阻害を正確に解明することができる手法を開発する必要がある．

　エストゲン様EDCsの魚類に対する影響解明のために，本研究ではVgおよびCgの生成誘導，性比の変化，生殖腺組織の異常，精巣卵の形成，生殖腺組織の成熟度，繁殖に係る行動異常などが調べられた．これらの指標は魚類の繁殖に何らかの影響を及ぼしていることを示唆するが，魚類繁殖に対する決定的な障害を説明することはできない．次世代魚類の繁殖に対する影響（産卵数，受精率，孵化率，孵化仔魚の形態的異常，生残率，成長阻害など）と親世代に認められる上記の評価指標の定量的な解析を通して，魚類繁殖阻害を適切に評価することができるエンドポイントを定めるとともに影響評価手法を開発することは今後の重要な課題である．

4）水生生物に対する作用機構解明の深化

　生物のホメオスタシスには，内分泌系，免疫系，神経系，薬物代謝系などが相互に関係している．EDCsにより引き起こされる内分泌系の障害が，免疫系，

神経系，薬物代謝系に対してどのように影響を及ぼすかはほとんど解明されていない．今後の重要な検討課題であろう．

　自然水中には多種多様な化学物質が存在する．自然水中ではこれらの物質が水生生物に対して複合的に作用するが，数種のエストロゲン様EDCsが複合的に作用した場合，その影響はそれぞれの物質の影響が相加的あるいは相乗的に現れるのか明らかになっていない．一方，エストロゲン様EDCsとアンドロゲン様EDCsが複合的に作用した場合その影響は明らかになっていない．複合的に影響した場合の作用機構の解明も今後の重要な課題である．

5) エストロゲン様EDCs以外のEDCsの影響実態と作用機構の解明

　パルプ・製紙工場排水中にはアンドロゲン様EDCsが存在することが報告されている．このように，自然水中には多種多様な物質が存在し，生殖内分泌系以外の内分泌系に作用する物質の存在も考えられる．本書では，エストロゲン様EDCsの水域汚染の実態，水生生物に対する影響の実態とその作用機構の一部分についてささやかな研究成果を報告したにすぎないが，アンドロゲン様EDCsおよび生殖内分泌系以外の内分泌系に作用する物質の水生生物や水域生態系に対する影響の解明も重要な課題であると考えられる．

〔有馬郷司・藤井一則・山田　久〕

本書で用いた主な略号

AhR	アリール炭化水素受容体
APs	アルキルフェノール
AR	アンドロゲン受容体
BHC	ベンゼンヘキサクロライド
BPA	ビスフェノールA
Cg	コリオジェニン
DBP	フタル酸ジブチル
DDE	ジクロロジフェニルジクロロエタン
DDT	ジクロロジフェニルトリクロロエタン
DEHP	フタル酸ジエチルヘキシル
DES	ジエチルスチルベステロール
DMRT1	DM-related transcription factor 1
E_1	エストロン
E_2	エストラジオール
E_3	エストリオール
EDCs	内分泌かく乱物質
EE_2	エチニルエストラジオール
ELISA	酵素免疫測定法
ER	エストロゲン受容体
FSH	卵濾胞刺激ホルモン
GABA	γ-アミノ酪酸
GnRH	生殖腺刺激ホルモン放出ホルモン
GSI	生殖腺体指数(生殖腺重量÷体重×100)
GTH	生殖腺刺激ホルモン
HCH	ヘキサクロロシクロヘキサン
KT	ケトテストステロン
LABs	直鎖アルキルベンゼン
LAS	直鎖アルキルベンゼンスルホン酸塩

LH	黄体形成ホルモン
MT	メチルテストステロン
NP	ノニルフェノール
OP	オクチルフェノール
PCB	ポリ塩化ビフェニル
T	テストステロン
TBT	トリブチルスズ
TPT	トリフェニルスズ
TR-FIA	時間分解蛍光免疫測定法
Vg	ビテロジェニン

索 引

アルファベット

17α,20β-ジヒドロキシ-4-プレグネン-3-オン 127, 150
BHC 139
DDE 38
DDT 14, 90, 132, 153
DMRT1 163
E_2 当量 30, 46, 99
ELISA 43, 66, 82, 104
E-screen 43
GABA 121, 132
GSI 7, 77, 96, 134
HCH 133
Ishikawa cell-ALP アッセイ 43
PCB 4, 38, 140
TR-FIA 93
YES アッセイ 43

あ 行

亜鉛 137
アゴニスト 3, 115, 139
アサリ 103
アジピン酸ジエチルヘキシル 6
アテンディング 149
アトラジン 14
アマゴ 165
アメリカンフラッグフィッシュ 131
アリール炭化水素受容体(AhR) 140
アルキルフェノール(APs) 13, 21, 132
アルドリン 129
アロマターゼ(芳香化酵素) 138, 146, 162
アンタゴニスト 3, 139
アンドロゲン受容体(AR) 154, 165
イソプロチオラン 115

遺伝的性 105
イトウ 90
イプロベンフォス 115
ウグイ 72, 77
ウナギ 165
エストラジオール(E_2) 5, 21, 56, 69, 77, 95, 107, 115, 126, 145, 162
エストリオール(E_3) 7, 74, 79
エストロゲン受容体(ER) 139
エストロン(E_1) 7, 21, 56, 71, 79, 95
エチニルエストラジオール(EE_2) 13, 58, 74, 79, 95, 129, 165
エポキシ樹脂 29, 171
エンドスルファン 15
黄体形成ホルモン(LH) 126
オクタノール—水分配係数(K_{ow}) 38
オクチルフェノール(OP) 5, 21, 58, 74, 79, 96, 109, 115, 132
雄化 163
オルファンリセプター 140

か 行

カイアシ類 116
河川遡上行動 145
カドミウム 131
カバーリング 149
カルバリル 129
間性 104, 171
キャットフィッシュ 139
去勢 145
キリング効果 47
キンギョ 133, 151
ギンザケ 148
ギンブナ 151

クイバリング　149
下水処理場　19, 47, 79, 111
ケトテストステロン（KT）　130, 150
ゲニステイン　14, 172
コイ　75, 165
甲状腺ホルモン　140
コリオジェニン（Cg）　89

さ 行

サクラマス　145
シアン化合物　131
ジエチルスチルベステロール（DES）　13, 153
ジクロロベンゼン　15
視床下部　129
シトステロール　133
ジヒドロキシビフェニール　171
臭素化ビスフェノール　15
雌雄同体　156
水銀　129
水酸化酵素　136
水酸基脱水素酵素　138, 151
スチレン3量体　6
スモルト（銀毛）　143
性決定遺伝子型　159
性行動　149
生殖腺刺激ホルモン（GTH）　125
生殖腺刺激ホルモン放出ホルモン（GnRH）　125
精巣卵　7, 108, 166
成長ホルモン　121
性転換　107, 162
生物濃縮係数（BCF）　38
性分化　7, 156
ゼブラフィッシュ　67
セルトリ細胞　132
セロトニン　121
全雄　159
全雌　159
側鎖切断酵素　133

た 行

ダイアジノン　115
ダイオキシン　140
タイセイヨウクローカー　131
タイセイヨウサケ　89, 143
タウナギ　138
タモキシフェン　163
チトクロームP450　138
直鎖アルキルベンゼン（LABs）　33
直鎖アルキルベンゼンスルホン酸塩（LAS）　33
ディギング　149
ティラピア　67, 138, 162
テストステロン（T）　115, 133, 150
銅　132
トゲウオ　151
トビハゼ　81
トリフェニルスズ（TPT）　7
トリブチルスズ（TBT）　5, 133, 173
トリヨードチロニン　121

な 行

ナフトフラボン　138
鉛　132
ニジマス　14, 65
脳下垂体　131
ノニルフェノール（NP）　4, 21, 58, 71, 79, 89, 109, 115, 130, 147, 167

は 行

バイオマーカー　65, 95, 103
ビスフェノールA（BPA）　5, 21, 56, 71, 96, 115, 147, 171
微生物分解　60
ヒ素　137
ビテロジェニン（Vg）　7, 65, 77, 103, 126, 167
ヒト胎盤性生殖腺刺激ホルモン　121
ヒドロキシエクジソン　121

ヒメダカ　7
漂白クラフト紙工場排水　131
ヒラメ　163
ピロキロン　115
ファットヘッドミノー　14
ファドロゾール　146, 162
フェニトロチオン　115
複合影響　173
フタル酸ジエチルヘキシル（DEHP）　5, 56, 74, 79, 96
フタル酸ジブチル（DBP）　6, 56, 74, 79, 96
ブチルフェノール　4
ブチルベンジルフタレート　14
物質収支　25
フラウンダー　66
ベンゾピレン　6
ベンゾフェノン　5
ペンチルフェノール　13, 170
芳香化酵素（アロマターゼ）　138, 146, 162
ホスビチン　68
ポリカーボネート　29, 171
ホワイトサッカー　131

ま 行

マコガレイ　66, 88
マダイ　129
マハゼ　67

マラソン　129
マラチオン　132
ミジンコ類　118
ミトコンドリア　106
ミュラー管抑制因子　163
ムラサキイガイ　36, 106
メダカ　89, 163
メチルコラントレン　138
メチルテストステロン（MT）　163
メトキシクロール　14, 153
メトプレン　115
メフェナセット　115

や 行

幼若ホルモン　121

ら 行

ライギョ　129
ライディッヒ細胞　132
卵巣腔　163
卵濾胞刺激ホルモン（FSH）　126
リポビテリン　68
レイクホワイトフィッシュ　139
ローチ　65

わ 行

ワムシ類　120

環境ホルモン－水産生物に対する影響実態と作用機構－

2006年6月10日　初版発行

（定価はカバーに表示）

編　集　「環境ホルモン－水産生物に対する影響実態と作用機構」編集委員会 ©

発行者　片　岡　一　成

発行所　株式会社 恒星社厚生閣

〒160-0008　東京都新宿区三栄町8
Tel　03-3359-7371　Fax　03-3359-7375
http://www.kouseisha.com/

印刷・製本：シナノ

ISBN4-7699-1042-8　C3045

好評発売中！

里海論

柳　哲雄　著
A5判 / 104頁 / 並製 / 2,100円
7699-1032-0　C0044

「里海」とは，人手が加わることによって生産性と生物多様性が高くなった海を意味する造語。公害等による極度の汚濁状態をある程度克服したわが国が次に目指すべき「人と海との理想的関係」を提言。人工湧昇流や藻場創出技術，海洋牧場など世界に誇る様々な技術に加え，古くから行われてきた漁獲量管理や藻狩の効果も考察。

増補・改訂版　海洋環境アセスメントのための微生物実験法

石田祐三郎・杉田治男　編
A5判 / 218頁 / 並製 / 2,415円
7699-1035-5　C3045

一般的な有機汚濁物質や有害物質による海洋汚染と富栄養化に焦点を当て，環境科学に係る実験・実習を行う際の好テキスト。生活環境保全に関する環境基準など最低限必要な項目を「基礎編」，より専門的なアプローチとして「応用編」を設け便をはかる。今回「海洋細菌の抗菌活性の測定」など4項目を増補した。

海の環境微生物学

石田祐三郎・杉田治男　編
A5判 / 249頁 / 並製 / 2,940円
7699-1021-3　C3045

重金属，人工有機化合物による被害による海の環境悪化。こうした中，海の生物生産の基幹をなす海洋微生物はいかなる役割を担い，対処しているのか。また，微生物を利用した環境修復とはいかなるものか，についてわかりやすく叙述。大学生向けに書き下ろされた本書は海洋微生物を学ぶ上でのよきテキスト。

有明海の生態系再生をめざして

日本海洋学会　編
B5判 / 224頁 / 並製 / 3,990円
7699-1023-1　C1040

諫早湾締切り・埋立は有明海生態系に如何なる影響を及ぼしたか。日本海洋学会海洋環境問題委員会の4年間にわたる調査・研究・シンポジウムでの議論を基礎に，生態系劣化を引き起こした環境要因を探り，具体的な再生案を提案。環境要因と生態系変化の関連を因果関係の面から，また疫学的にも考察。

水産環境における内分泌攪乱物質

7699-0924-1　C3362

川合真一郎・小山次朗編　環境ホルモン物質を含んだ化学物質が最終的に流れつく水環境で水産生物はどのような影響を被るのか。既往の知見を整理し課題を提言する。2,625円

微量人工化学物質の生物モニタリング

7699-1005-3　C3362

竹内一郎・田辺信介・日野明徳編　人工化学物質の生産・利用・流通量が増え環境へのリスクが心配される。本書は環境化学物質の汚染実態，分析技術等をまとめた注目の書。2,940円

価格表示は税込み価格です。

恒星社厚生閣